U0112591

湖南农业院士丛书

2020 年湖南省重大主题出版项目

畜禽粪便资源化利用
新技术

主 编 ——— 印遇龙

副主编 ——— 张友明　廖　鹏　李裕元　武深树

编 者 ———

吴买生	桂清文	许道军	曹林英	李　希
李运虎	李美君	唐　炳	卓坤水	涂　强
吴少全	李瑞波	季维峰	何永聚	李安定
李　季	宋维平	解林奇	刘作化	刘莹莹
				刘　梅

审 稿 ——— 董红敏

湖南科学技术出版社

图书在版编目（ＣＩＰ）数据

畜禽粪便资源化利用新技术 / 印遇龙主编. — 长沙：
湖南科学技术出版社，2021.12
（湖南农业院士丛书）
ISBN 978-7-5710-1175-8

Ⅰ. ①畜… Ⅱ. ①印… Ⅲ. ①畜禽—粪便处理—废物
综合利用 Ⅳ. ①X713

中国版本图书馆 CIP 数据核字(2021)第 168047 号

XUQIN FENBIAN ZIYUANHUA LIYONG XINJISHU

畜禽粪便资源化利用新技术

主　　编：印遇龙
出 版 人：潘晓山
责任编辑：李　丹
出版发行：湖南科学技术出版社
社　　址：长沙市芙蓉中路一段 416 号泊富国际金融中心
网　　址：http://www.hnstp.com
邮购联系：0731-84375808
印　　刷：长沙超峰印刷有限公司
　　　　　（印装质量问题请直接与本厂联系）
厂　　址：长沙市宁乡县金洲新区泉洲北路 100 号
邮　　编：410600
版　　次：2021 年 12 月第 1 版
印　　次：2021 年 12 月第 1 次印刷
开　　本：710mm×1000mm　1/16
印　　张：18.25
字　　数：238 千字
书　　号：ISBN 978-7-5710-1175-8
定　　价：50.00 元

前　言

我国是世界农业大国，畜牧业是我国农业的重要组成部分，年产值超过 2 万亿元，占我国 GDP 的 6%。随着规模化、集约化的快速推进，我国畜牧业呈现出养殖污染负荷高、排放达标水平低的态势。畜禽养殖废弃物中 COD、总氮、总磷分别占农业污染的 98%、37.9%、56.3%，已成为我国农业污染的主要来源。畜禽养殖引发的污染负荷已严重制约我国畜牧业的健康可持续发展，也关乎食品安全、生态安全、人类健康和社会稳定。

目前我国畜禽粪便年产生量约为 38 亿吨，其中含有大量的金属元素与氮磷，利用率仅为 60% 左右。按照中央部署和要求，到 2020 年利用率拟提高到 75%，到 2030 年实现畜禽粪便 100% 的资源化利用。而我国农作物对畜禽有机肥料需求迫切，目前畜禽粪便只能够满足农作物对有机肥需求的 40%。由于饲料中超量添加无机微量元素，导致铜、锌、钙、磷、镁、铁、锰等每年的环境排放量超过 10 万吨，已对土壤、水体等生态环境构成威胁，而伴随微量元素存在于饲料中的有毒重金属镉、铅等更是一大安全隐患。因此，在满足生猪养殖营养需要量的情况下，合理地降低饲料中的微量元素含量，实现饲料中微量元素的"减量增效"，不仅利于集约化生猪养殖业的发展，同时也能有效降低畜禽粪便中的重金属元素的含量，为种植业提供优良的有机肥来源，维护生态系统的平衡，促进种植业、养殖业的可持续健康发展。

2016 年 12 月习近平总书记指出，加快推进畜禽养殖废弃物处理和资源化利用，关系到 6 亿多农村居民生产生活环境，关系到农村能源革命，关系到不断改善土壤地力；治理好农业面源污染，是一件利国利民利长远的大好事。2017年的全国畜禽养殖废弃物资源化利用会议在长沙召开，时任国务院副总理汪洋强调，要认真贯彻落实新发展理念，坚持保供给与保环境并重，坚持政府支持、企业主体、市场化运作，全面推进畜禽养殖废弃物资源化利用，改善农业生态环境，构建种养结合、农牧循环的可持续发展新格局。如何把养殖粪污资源化利用，实现种养结合、变废为宝、消除农业面源污染已成为当务之急。

抓好畜禽养殖废弃物资源化利用，关系到畜产品的有效供给，关系到农村居民生产生活环境改善，是重大的民生工程。本书立足于畜禽粪便污染物"减量化排放、无害化处理、资源化利用"原则，突出前沿性、技术性和可操作性。探索畜禽粪污资源化利用技术、异位发酵床粪污处理技术、源头精准减排与配套技术、微生物巢畜禽粪污处理技术、秸秆资源利用技术、绿狐尾藻生态处理污水技术、粪污原位除臭及资源化利用技术、畜禽粪便污染物沼气处理技术，展示了我国畜禽粪便无害化处理与资源利用的创新成果，其原创性、创新性较强，具有重要的学术价值和文化价值。同时，该成果在我国畜禽粪便无害化处理资源利用处于国内领先水平，对我国提高标准化规模养殖水平，有效地预防和控制环境污染具有重要的指导意义。由于时间仓促，作者水平有限，错漏之处在所难免，恳请读者批评指正。

2021 年 10 月 20 日

目　录

第一章　规模化畜禽养殖污染现状

第一节　国内外农业环境污染问题

近年来，随着经济和技术的高速发展，我国的农业环境污染问题越来越严重，环境形势日益严峻。如今，我国第一产业中存在很多不科学的生产方式，而这些生产方式有许多不足。一是影响国内农业的产业效能，降低生产效率；二是对农村生态环境造成了严重的污染。据有关部门报道，目前我国有一半以上农村地区地下水已经受到污染，而归根结底正是因为农业生产过程中排放的"三废"未得到有效处理，影响农业经济发展的同时也威胁着人们生活用水的安全，因此农业环境污染问题已成为亟待解决的大问题。

一、我国农业环境污染现状

我国改革开放至今四十余载，农业经济得到了高速发展，农业经济体系基本实现了从数量型到质量效益型的转型发展，然而，国内农业经济的高速增长很大程度上是由于化学品的大量使用。实际生产中，化学品的使用通常会存在滥用等问题，归根结底是由于我国在化学品相关知识的普及和相关部门监督、管理方面存在不足，从而导致土壤、河流、空气的污染物含量在持续增长，因此我国农业环境污染问题日益严峻。目前，由于我国农业政策的不断完善，工业化污染和城镇化污染已经得到了控制和治理，而由于我国农村用地大、人口稀少导致农村人口密度小，机械化程度较低，环境负载容量较大，致使农业环境污染这一"世纪大问题"一直被大家轻视，所造成的后果也可想而知，农村环境污染区域正由"点状"到"块状"扩大。

由于相关知识储备不足，许多人认为点源污染（有固定排放点）主要就是工业污染及城市生活污染，而农业环境污染就是面源污染（无固定排放点）。准确来说，将农业污染笼统概括为面源污染是不准确的。面源污染是指农业生产过程中化肥、农药的不合理使用，养殖的畜禽排泄物处理不当以及农村生活中产生的污染物，在雨水、人工灌溉、土壤降解的作用下，分散地、微量地污染水体，其污染途径是通过地表径流和地下渗流等方式引起水资源污染。所以，将农业污染完全当作面源污染是不全面的，没有概括出农业污染的本质和全貌。21世纪初，我国农业科学院的众多教授经过多年来的研究首次提出"农业立体污染"这一全新概念。"农业立体污染"是指在实际农业生产过程中化肥和农药的不科学使用、畜禽排泄物不合理排放、农田的废弃物、耕作设备以及"工废农用"等，这一系列污染物造成农业环境中大气、水体、生物、土壤立体交叉污染。因此，这一全新概念的提出深刻地指出农业环境污染源及其危害的严峻性。

二、农业环境污染的危害

1. 污染水体

众所周知，农业环境污染会导致水体严重污染，也是水体富营养化的主要污染源。至今，我国至少一半的水域遭到污染，并不同程度上处于富营养化，而沿海地区水域出现"赤潮"这一现象经常可见，并呈上升趋势。"赤潮"危害极大，极易使水体受到严重污染，因此我国的水库、河流、湖泊等水域的富营养化程度加剧，更为严峻的是，这一现象已经危及国内城乡居民饮用水的安全。因此，保护水源成为"人类命运共同体"第一要务，需要人们去保护所剩无几的淡水资源。

2. 污染土壤

为了保护和改善生态环境，防治土壤污染，保障人们健康，推动土壤资源永续利用，推进生态文明建设，促进经济社会可持续发展，2019 年《中华人民共和国土壤污染防治法》正式实施，对防治土壤污染相关的规划、标准、普查和监测、预防和保护提出了明确要求，要求加强农药、肥料登记，组织开展农药、肥料对土壤环境影响的安全性评价，禁止向农用地排放重金属或者其他有毒有害物质含量超标的污水、污泥，以及可能造成土壤污染的清淤底泥、矿渣等。国家鼓励和支持农业生产者采取下列措施：①使用低毒、低残留农药以及先进的喷施技术；②使用符合标准的有机肥、高效肥；③采用测土配方施肥技术、生物防治等病虫害绿色防控技术；④使用生物可降解农用薄膜；⑤综合利用秸秆、移出高富集污染物秸秆；⑥按照规定对酸性土壤等进行改良。

3. 污染大气

全球科技化所导致的温室效应被各个国家、地区广泛关注，全球变暖、臭氧层破坏正使地球受到前所未有的磨难，而全球气候的急剧变化也正在一步一步侵蚀我们的家园。这些现象的主要原因是温室气体的大量排放，如二氧化碳（CO_2）、甲烷（CH_4）、氧化亚氮（N_2O）、臭氧（O_3）、氢氟氯碳化物类（CFCs，HCFCs，HFCs，）、六氟化硫（SF_6）及全氟碳化物（PFCs）等。我国环境检测结果表明其中甲烷（CH_4）和氧化亚氮（N_2O）是由于农业生产活动产生的，值得注意的是氧化亚氮（N_2O）是由于氮肥消解后在土壤作用、流动转移下产生的，另外，占温室气体绝大部分的甲烷（CH_4）主要是由农作物种植和畜禽养殖活动产生的。

4. 危害人体

水、土壤、空气对于人类来说是不可或缺的。根据生态环境部资料可知，我国 61% 以上饮用水和地下水正遭受污染，790 多个农村环境水源质量观测点整理数据表明，我国农村地区的水源正遭受不同程度地污染，由于政策实行不全面，部分农村已达到"一碗米换一碗水"的地步。世界淡水资源紧缺，我国也不例外，农村地区作为主要淡水聚集区域若遭受一定的污染，必将危害我国人民身体健康。据卫生部统计，全国有数以万计的人因为亚硝酸盐、卤代烃进入体内而导致重病或慢性死亡，罪魁祸首正是"水污染"。

5. 制约农业经济发展

我国是农业大国，农业占比 10% 左右，由于农业环境污染造成的经济损失不容小觑。一旦出现农业环境污染，污染程度小的出现农作物减产，质量下降，污染程度大的则会导致传统农作物无法存活。据相关资料显示，我国因为农业环境污染的直接经济损失占农业生产总 GDP 的 5.1%～10.2%。近 10 年来，我国农业经济增长率呈下降趋势，由于农产品质量问题所导致的损失每年约为 80 亿元，其主要原因是农民过量使用化肥、农药，导致蔬果、牲畜、花卉产量及质量急剧下降。据统计，每年约有 900 万吨氮肥流失于农田之外，导致农村环境污染，直接经济损失可达 200 亿元。

三、我国农业环境污染的原因分析

1. 外层原因

（1）农药、化肥污染。化肥、农药等的不合理使用，致使我国农业土壤污染问题日趋严重。农药和化肥的危害对我国农业环境造成巨大影响，农业环境安全与生态环境安全正面临前所未有的挑战。单就农药来说，2019 年农药使用量达 30 万吨，相比之下，是 20 世纪 90 年代的 100 倍，相比 2018 年来说略有下降，但总量仍旧很大，是美国、日本等国家的总和。

（2）畜禽排泄物污染。二十年来，我国畜禽业发展速度迅猛，畜牧业为农业和国民经济作出了重要贡献。禽蛋产量 2700 多万吨，近 20 年稳居世界第一；奶类产量 3800 万吨，居世界前列，保障了食品需求。但是，有利必有弊，由此造成的粪便污染近年来持续走高，而且我国畜禽粪便产量巨大，也是水污染的主要原因。

（3）农业废弃物污染。在实际农业生产活动中会有大量"三废"的产生，其中包括如农作物的秸秆等。秸秆是成熟农作物茎叶（穗）部分的总称。通常由水稻、小麦、棉花、甘蔗等农作物（通常为粗粮）产生，是在收获籽实后剩余的部分。秸秆中含有大量的 N、P、K 等元素、有机质和微量元素，如果不能合理处置很容易造成水、大气、土壤污染。

2. 内层原因

（1）粮食安全保障的压力。我国人多耕地少，但是我国最伟大的贡献就是仅用世界 7% 的耕地面积就养活了世界上 22% 左右的人口。然而国内粮食供求关系压力大，粮食安全保障一直是政府鼓励发展农业政策的核心要求。但是由于城镇化水平的不断提高，人口增长，而且工业、住房用地面积增加，农村耕地面积不断减少，很多田地荒废。为了保证粮食供应链需求和粮食质量安全，高水平、高层次的农业生产投入不断加大，尤其是化肥和农药的使用已成为高产不可避免的一条途径。如果一味地加大化肥、农药的使用量则会造成更大的危害。

（2）城乡二元分割的结构。我国的发展长期存在不平衡的状态，新中国为了谋发展不断出现"重城市轻农村""重工轻农"的发展战略，经济发展不平衡的同时，环境保护侧重点也受到了不大不小的影响，国家原有政策偏重城镇化发展而忽略农村经济发展，例如自新中国成立以来，优先发展重工业的领先政策、限制农民转城镇户籍制度、长期以来的环境治理方针和政策、法律法规偏重于城市，对于农村和农业的照顾少之又少。城市人口多，废弃物多才需要治理，而农村人少、工业化程度低则不需要治理，这是十分错误的观点。农村需要发展，中华民族伟大复兴离不开农业的蓬勃发展。近年来，随着城镇化水平的不断提高，许多一线、二线城市将污染物排放量大的企业搬至农村，这样虽一定程度上减轻了城市污染的负担，也释放出一个不好的信号，即一种城市环境日益好转而农村环境污染逐步加重的二元不平衡结构。这一结构客观体现了城市与农村在环境监测、环境保护、环境治理等许多方面存在的明显差距以及城市与农村发展的不平衡性。城市的发展离不开农村振兴，两者只有共同发展，经济产业结构才能健康，国家才会强大。另外，我国需要从上至下制定相关政策，全面改革。农村环境治理体系不健全且从属关系复杂、科技人才匮乏、环保意识差、农产品产业水平低，无法有力实施最新法律法规、改革创新，执行力不强导致农业环境保护不够全面。乡、镇、县、市不能一体化管理，无法实行对农村环境污染的有效治理和控制，扩大了城乡二元结构，使治理难度增大、成本增加、效果下降。诸多因素导致农村环境污染得不到有效防控。

四、农村环境污染治理对策

1. 建立、完善农村环境保护法律法规

农业环境保护需要规章制度来约束，我国应该借鉴国际上成功案例，因地制宜地制定控制化肥、有机肥和农药非点源污染的法律法规，取其先进之处，对症下药，由国务院制定相关的、针对性强的法规体系。包括完善国家农业生产卫生清洁的管理规章，拟定新的农药、化肥管理政策和排放标准，国家应鼓励新型化肥和有机肥的研究，旨在发展农业肥料的高效、无害化处理技术。适当提高废弃物排放标准，有效控制城乡的各种污水排放和无害化、标准化、产业化畜禽养殖场粪尿的排放量。

2. 加大资金投入，加强政府政策制定

为确保农村、农业良性发展，改变城乡发展结构二元化的现状，国家应实施向农村环境保护倾斜的相关政策。提前做好基层调研，结合我国目前农村实际情况，因地制宜，有目标地制定出各项农村环境保护管理制度及相关标准。根据各地实际情况，统筹地增加对农业环境污染治理的资金投入和农业环境保护所需的公共产品投入量。对所需资金合理分配，如加大对农业专项资金链投入，鼓励制定生态农业模式，创建环境保护新机制、新体系。

3. 发展农业科学技术，提高生产力

减少化学品的使用，发展新的化肥、有机肥、农药合理处理及使用技术，鼓励使用农家肥，加大科技投入，发明新技术，以减少农业生产活动中造成的环境污染，减少经济损失；建设秸秆、畜禽粪便、农村生活垃圾处理站点，增加农业废弃物处理设施投入，鼓励乡镇村民学习相关知识，各企业积极引导发展秸秆废弃物气化以及供气生产技术；杜绝废水直接排放，增加技术投入，集中处理废水；设立农田废弃物收集装置，从源头制止农业环境污染，实现农业环境污染减排目标。

4. 大力发展农村生态农业

基于农村发展乡村振兴战略，生态农业是农业发展必经之路，也是可持续发展的必由之路，是实现我国农业环境非点源污染减排和治理的重要途径，也是农业环境污染的重中之重。生态农业的含义是按照生态学原理和经济学原理，运用现代科技手段和方法，增加第一与第二、第三产业联系，按照生态系统中物质循环和能量转化这一基本规律建立起来的一种新型农业生产方式，通过人工设计生态工程，只把化肥作为辅助型能源；有效利用生物控制新型技术和综合控制技术，旨在防治农作物虫害、病害，保护农作物正常生长，最大限度地减少农药的使用，实现农业与经济的良性循环。

5. 增强农民环保意识

农民作为土地上的主力军，只有增强农民环保意识才能有效治理农村环境污染，在农村环境保护这条道路上少不了农民的无私奉献和辛勤劳作。环保知识需要在农民心中根深蒂固，只有做到这一点才能有效杜绝农村环境污染，通过各种方式加强农民环保意识，加强环保知识宣传。通过讲座、电视宣传、广播教育等方式加深农民对于环境保护的认识，强调农村环境污染的危害。

第二节　国内外畜禽养殖业发展及其环境污染问题

目前肉类食品市场需求不断上涨，农村畜禽类养殖的规模也在不断扩大，大规模的畜禽类养殖也逐渐使其养殖环境遭到严重污染，给生态环境带来了严重威胁。尤其是农村畜禽养殖缺乏规范管理，很多畜禽养殖业主的文化水平和环保意识较低，也缺乏科学的养殖技术和养殖理念，很多禽畜养殖的排泄物和废弃物处理也存在极度不合理情况，对生态环境和卫生情况造成较大影响。相关管理部门必须加大对农村畜禽养殖行业的规范化管理，对其进行严格监督，针对一些造成严重污染的养殖户必须查处，并制定科学的防治措施，以改善环境的污染情况。

一、污染因素

1. 污染水资源

农村畜禽养殖所产生的动物排泄物是目前对环境造成污染的主要因素，随着养殖规模不断扩大和畜禽数量增加，其排泄量也逐渐增多，这些排泄物如果不进行有效处理会随着细菌的滋生而对土壤以及水资源造成极大的污染危害，特别是很多排泄物会随着水资源的流动而直接破坏水环境的质量，污染水源，进而污染生态环境，对人们的健康构成威胁。

2. 污染大气环境

农村畜禽养殖排泄物以及养殖场内所产生的气体在高温或空气的流动下会使有害的病毒细菌随之扩散，对空气质量构成严重威胁，而且很多农村畜禽养殖的排泄物和废弃物以及病死的畜禽发酵会产生很多硫化物等刺激性有毒气体，对大气环境带来重度的污染危害，长时间的积累和扩散会给人们和生态环境中的生物都带来重大的健康危害。

3. 传播病菌

粪便中夹杂很多有机化合物，如各种蛋白质、脂肪，这些物质在空气中堆积发酵，会进一步分解，产生大量的有毒有害气体，如硫化氢气体、粪臭素、脂肪醛类、硫醇、胺类和氨气等，这些有毒有害气体会严重刺激动物和人类的呼吸道黏膜，造成呼吸道系统的保护功能下降，很容易导致病原菌侵袭，造成呼吸道疾病传播蔓延。

二、污染原因

1. 缺乏科学有效的污染物处理技术

关于环境污染的治理技术，目前我国的研究已经取得了一些优秀成果，但其主要是针对一些工业污染和化学污染，对于农村畜禽养殖所造成的污染治理技术还有待加强，特别是农村畜禽养殖污染物的处理技术目前还处在初期阶段，而且很多农村养殖户也缺乏科学的污染物处理观念，这也就导致农村畜禽养殖的污染物无法得到有效处理，进而造成污染物处理效果极为低下，对环境造成严重污染。

2. 缺少科学合理的畜禽养殖管理制度

很多农村畜禽养殖户由于缺乏专业技术和管理，导致农村畜禽养殖场所产生的污染物没有得到有效处理。管理制度的执行是保证农村畜禽养殖规范化的基础条件，只有实现规范化的制度管理才能使农村畜禽养殖得到质量上的控制，进而实现从源头上防治环境污染。

3. 管理部门监督管理能力不强

科学的管理制度需要严格的执行才能发挥其约束作用，而要做到严格执行需要管理部门加大对农村畜禽养殖的监督管理力度。就目前的农村畜禽养殖行业现状分析，很多农村畜禽养殖户都是农民迎合市场经济的自发行为，而且由于受到传统管理思想、管理观念以及农村畜禽养殖户文化素质的影响，农村畜禽养殖发展严重缺乏有效的监督管理。

三、防治措施

1. 积极研究和引进畜禽养殖污染物处理技术

目前在国家针对性管理和激励政策引导下，很多农村畜禽养殖行业都得到了污染防治补贴以及大力的技术扶持，因此，农村畜禽养殖场所的建设必须配备完善的污染物处理设施，同时也要提高农村畜禽养殖业主的文化技术水平，并借鉴先进的处理经验和处理技术，加大对农村畜禽养殖排泄物、污染物的处理力度，尽最大努力提高污染物处理效果，以此提高对农村畜禽养殖污染物的生态化处理和开发利用，例如对畜禽排泄物进行提取，除去有害成分，分离出所需的物质，通过加工处理可以制造新型饲料和土壤的肥料，以更好地处理农业畜禽养殖方面的污染物。

2. 制定并完善科学性、规范化的管理制度

要提高农村畜禽养殖的规范化管理水平就必须结合现行的国家相关法律法规进行科学化、规范化管理制度的制定，不断加强农村畜禽排泄物污染防治标准与管理规范，制定科学的农村畜禽养殖污染防治政策，并积极与环境保护管理部门联合进行农村畜禽养殖环境的评估与考核，通过管理制度和标准考核来增强对农村畜禽养殖行业的规范化管理，充分利用农村畜禽养殖经营许可审核规范农村畜禽养殖行业的健康发展，以此提高对农村畜禽养殖环境污染情况的防治，提高农村畜禽健康养殖水平。此外，还要加大对农村畜禽养殖技术的标准调整，使其能适应畜牧业的快速发展以及生态环境的治理进度。

3. 加大农村畜禽养殖污染监督管理力度

基于农村畜禽养殖业对环境的污染情况以及监督管理情况考虑，相关政府环境保护部门、卫生防疫部门也要加大对农村畜禽养殖的执法力度，提高监督管理水平，不断完善和优化农村畜禽养殖户的管理机制和监督考核机制，明确进行监督管理职责划分，并实现对农村畜禽养殖行业全面综合性的监督管理，并按照相关的规定进行大型农村畜禽养殖户的质量监测以及标准考核，不但要监督农村畜禽养殖的污染治理水平，还要监管其对环保治理补贴的合理利用情况，积极提高农村畜禽养殖户对环境污染治理的意识和专业水平，增强农村畜禽养殖户的相互监督和大众监督意识，严肃处理养殖户的随意排放污染物的违规行为。

目前经济水平提升和市场需求不断增长，农村畜禽养殖规模也不断扩大，对环境所造成的污染也日益严重，不但破坏了生态环境平衡，也严重威胁人们的身体健康。因此相关部门必须采取科学方法和必要的手段进行

农村禽畜养殖污染的监督和治理，从养殖技术到污染物的处理技术入手，结合现代科学技术加强对畜禽养殖污染物的利用，并制定科学完善的养殖污染治理办法以及加大监督管理的力度，有效解决农村禽畜养殖污染，以全面推动畜禽养殖业规范化、健康化发展。

第三节　畜禽养殖粪尿排放对环境的影响

随着农村畜禽规模化养殖的增加，畜禽养殖业从分散的农户养殖转向规模化、工业化、集中化养殖，但是畜禽养殖过程中产生的气体、粪尿等代谢污染物导致环境严重污染，随着畜禽养殖业的不断发展以及产业规模化，导致粪尿污染物成为我国生态农村环境污染的主要污染源，造成了农业经济发展与环境保护的不平衡发展。

一、畜禽养殖对水体的污染

畜禽养殖过程中排泄出的污染物是水体污染的主要来源。在畜禽养殖过程中，不合理的处理方式屡见不鲜，如在清洗畜禽粪尿和打扫剩余饲料时会产生大量污水，直接排入下水道、河流、沟渠等，未经过处理会引起地表水污染和地下水污染。清洁水体（如自然降水、河流水体等）与畜禽养殖场的粪尿等废弃物混合，原本干净的清洁水体会受到污染，更为重要的是畜禽粪便一旦接触地下水导致污染，治理恢复难度极大，极可能造成永久性的污染。

畜禽粪尿废水如果不经过有效处理直接排放到河流、水库、湖泊中，会对人们生活饮用水造成一定的污染。畜禽粪尿中成分较复杂，含有多种化学元素（钙、镁、铝、铜、磷、氮、钾、硫、钠等）及许多细菌，不经过处理的废弃物与水体接触造成污染，而水中过多的氮、磷元素易造成水体富营养化，严重的话会出现"赤潮"现象，引发藻类植物大量繁殖，这些藻类会消耗水中的大量氧气，与原有水生生物竞争导致鱼类以及植物死亡，阻碍了水产养殖业的发展。更为重要的是，畜禽养殖过程中所使用的消毒水中含有许多的酸性物质，这些酸性物质进入水体会导致原有的酸碱度失去平衡，使河水呈弱酸性，严重破坏河道酸碱平衡，引发生态危机。畜禽粪尿过量排放，土壤中残留的氮、磷物质会渗入地下水，致使地下水中含氮、含磷量升高，人们长期饮用此水源，导致癌症患病率升高。

二、畜禽养殖对土壤的污染

畜禽养殖过程中对农田土壤的污染主要是因为畜禽粪尿处理不当，从而导致农田养分过剩、重金属污染和病菌污染的累积。畜禽粪尿中含有大量的钾离子和钠离子，两者如果不经过处理直接用于农田施肥，粪尿中会残留大量的氮、磷等元素，并且过量的钠、钾通过聚合作用容易使土壤板结、孔隙减小，破坏土壤内部结构、透气性减弱，最后导致农产品减产以及有毒、有害物质残留，危害人们身体健康。畜禽养殖过程中导致土壤污染的途径有很多，当将锌、钙、铜等重金属元素添加于畜禽饲料中，随着粪尿的排泄，农田中锌、钙、铜的残留会造成农田土壤污染和农作物中毒。如今，饲料中大量重金属的添加剂不仅会让畜禽产品中的重金属残留量过高，而且由于动物不能降解这些重金属，从而导致畜禽粪尿中重金属含量也很高。据相关数据分析，如果湖南某地养殖户有一个存栏 10000 头猪的大型养猪场，排除其他干扰，若连续使用高铜含量的饲料，每月可向养猪场周边土壤排放约 200 kg 铜元素，从而导致周边土壤中铜元素污染严重。虽然土壤有一定的环境容量可以达到自净的效果，可以缓解铜元素污染的危害，但不是所有的污染物都能被土壤消解，例如重金属砷、铅、锰、镉、锌等非常难分解，容易富集于农田土壤表层，若直接被植物根部吸收，仍可残留于植物中，经过食物链的富集作用，最后影响畜禽、人的健康。粪尿处理不当，其中的细菌、微生物和寄生虫卵，在土壤中长期生长、繁衍的同时也危害着农作物、畜禽。

三、畜禽养殖对大气的污染

畜禽中的"臭味"可谓大有文章，而畜禽养殖业对于大气的污染主要来自粪尿、清洁污水、饲料残渣、细菌微生物尸体腐败的分解产物。畜禽粪污以及腐败变质饲料中会分解大量有机物，这些有机物一旦被微生物分解会产生大量有毒有害气体，如氨气、卤化物、硫化氢、硫醇、氟代烷烃、粪臭素等，由畜禽大棚或休息间排风口排出，经过风力作用扩散于大气，造成空气污染。这些污染不仅危害附近生物的生长，还对周边居民的生活造成影响，危害身体健康。这些臭气会影响人和畜禽的正常生理功能，刺激味觉、嗅觉神经，影响神经系统和呼吸系统；会使身体功能发生变化；尽管有些臭气是无毒气体，但是由于刺激性的感觉会使人产生不愉快的情绪。畜禽养殖场所排放的固体尘埃等污染物也能对畜禽、人的呼吸系统产生损害，引发病理反应。此外畜禽养殖过程中产生的废气多含有甲烷、氧化亚氮、硫化氢、二氧化碳等气体，加速全球气候变暖。畜禽养殖业已成为全球农业温室气体的最大来源，只有发展健康的生态农业才有可能使农业均衡、健康发展。

四、噪声污染

随着科学技术的不断进步，我国现代化畜牧产业也有了较大发展，各类先进的养殖技术得到了很多畜牧养殖场的应用，各项操作环节都从人工作业逐渐转变为机械化作业，其中主要包括喂料机、风机、清粪机等设备，这些设备虽然能提高作业效率，但会产生较大的噪声，给周围居民的正常生活带来不利影响。

五、其他污染

畜禽养殖造成的污染还有许多，除了畜禽粪尿废弃物中含有大量的细菌、寄生虫卵等，假如未及时对畜禽粪尿进行无害化处理，还会增加细菌、寄生虫卵的繁衍。由于蚊虫的生命活动趋于畜禽粪尿等废弃物，导致危害加剧，细菌繁殖速度加快，使寄生虫和病原生物活动频繁，最终导致有害菌体感染能力增强，如果不及时整治这些污染源，会造成人—畜禽间传染疾病的蔓延。个别畜禽养殖户盲目追求经济利益，通常在畜禽饲料中添加过量生长素、"瘦肉精"等添加剂，这些成分会随畜禽粪尿进行扩散，这些废弃物如果不经过处理直接进行排泄，不仅对周边环境造成污染，而且会导致动物、人的疾病感染概率大大增加。

第四节　规模化畜禽养殖场产生污染的原因与过程

基于规模化畜禽养殖污染问题的探究，可以了解到，导致污染的原因有以下几个方面。

一、规模化畜禽养殖增长过快

社会不断进步和人民群众生活水平的日益提高，对畜禽产品的需求日益增加，规模化、集约化畜禽养殖快速发展，使得传统的养殖方式逐步退出，在传统的一家一户的饲养方式下，畜禽粪污经堆肥后还田，对环境几乎没有影响。改革开放以来，尤其是近年来，畜禽养殖经过快速发展，万头猪场甚至是万头牛场建设方兴未艾，仅湖南省万头猪场就建设了 10 多家，十万头猪场甚至是百万头生猪养殖基地也纷纷上马。这些大型规模养殖场的建设，造成了粪污的高度集中，而与粪污产生量相配套的处理利用模式相对滞后，给环境保护带来巨大压力。

二、种植与养殖生态失衡，畜禽粪污利用受限制

中国古代称肥料为"粪"，甚至用植物做成的肥料也称为粪，如野生绿肥叫曹粪，施肥叫作粪田。在传统意义上，农民通过对粪便堆肥发酵然后施加到农田中，将几乎所有的废物和农业副产品都拿来循环利用，以弥

补农田养分输出的损耗。几千年来，我国小农经济的发展促使农户形成了以"畜—肥—粮"循环作业的生产方式，在塑造这种生产模式的过程中，也维系了生态平衡体系。但是进入现代以来，化肥的大量生产和过度施用，取代了有机肥的施用传统，打破了养殖和种植这种原有的平衡体系，造成了畜禽粪污利用受阻，最终直接导致种养脱节，污染加剧。

三、养殖户环境意识淡薄

传统意义上，污染主要指工业面源上的污染，人们对废水、废气和废渣的环境危害认识深刻，研究较深入，对于此类看得见的污染防治有一套科学合理的体系。畜禽养殖污染的危害性也是近期才逐渐为国人所认知，也是畜禽养殖业发展到一定阶段的产物。畜禽养殖业从业人员文化水平相对不高，本身的认识程度具有较大的局限性，对相关的法律、法规和制度等不了解，也不认真学习，并没有把粪污当作是污染，也不知道要承担的法律后果，环保意识淡薄。畜禽养殖业相对于工业、服务业等是微利行业，养殖户更加注重于追求经济利润的最大化，从而普遍存在着盲目扩张、管理漏洞百出、忽视环境污染等问题。有的压根就没有粪污处理设施，即便依托一些项目建设了设施，也因为成本、管理等原因而难以长期运行。

四、污染治理资金投入不足且设备单一

畜禽养殖规模化的发展带来了一定的经济效益，同时也不断提高人们对环境保护的认识，从而促使养殖户引入粪污处理设施，但养殖户投入资金有限，通常以修建沼气池为主，小型粪污处理设施为辅，难以收到保护环境的效果，对于难以处理利用的多余粪污，仍然采用传统的处理方式，或随意堆弃，或乱排乱放，污染周围环境，给人们的生产生活造成了极大的不便。据统计，在湖南畜禽养殖户中，中小型养殖户占80％左右，这些养殖户受市场环境影响较大，经济实力有限，环保意识淡薄，修建的粪污

处理设施简陋单一，后续维护维修难以保证，导致很多养殖户仍维持传统的粪污处理方式，造成环境污染不断扩大。

五、农业发展与环境政策不配套

一方面，大力提倡农业优先发展，支持畜禽养殖扩规模、调结构、提水平，以规模化、产业化发展为路径，逐步提高农民收入水平；另一方面，环保政策措施不配套，政策制定模糊，不贴合实际，不符合养殖户切身利益，养殖户积极性不高，很多政策停留在纸面上，很难落地实施。农业发展必须以农民利益为出发点，以环境保护为底线，抓好发展与环保的结合点，不断增强养殖户的环境保护意识，加大政策的执行力度和环保设施的补贴力度，既要抓好畜禽养殖规模化的发展，又要提高畜禽粪污的处理能力，避免出现以牺牲环境为代价带来的养殖户经济增收。

六、监督管理工作不配套

畜禽养殖因其投资少、见效快，已经成为很多小农经济体系下农民增收致富的首选渠道。但是，畜禽养殖业的发展以及粪污治理不仅是相关部门的责任，它还涉及环保、农业等方方面面的职责并存在一些交叉。2014年《规模畜禽养殖污染防治条例》实施前，关于环境在农业领域中的监管职责问题一直没有明确界定，各级主管部门互相推诿，缺乏行之有效的管理制度，同时畜禽养殖多以家庭经营为主，户多量少，给管理部门带来不小的监管难度。当前，我国正处于机构改革的关键期，各级监管机构正在加紧组织建立，各种环保条例也正在紧密谋划出台，农业环境污染已引起社会各界高度重视，国家相关部门多次出台文件指导农业发展，加强环境治理能力，加大环境执法力度，不断壮大环境监管工作人员队伍，有效遏制农业环境恶化，确保畜禽养殖业健康发展。

七、养殖场布局不合理

目前在畜禽规模化养殖中，现有的养殖场存在布局不合理的问题，导致污水排放存在问题。畜禽规模化养殖既需要场地符合标准，同时也需要在场地的规划布置方面满足污水排放要求、畜禽饲养要求和病害预防要求。由于目前畜禽规模化养殖专业化程度不高，导致畜禽规模化养殖容易引发污染问题，其中主要与畜禽规模化养殖场地布局有直接关系。结合畜禽养殖场的实际特点，在现有的布局中，有些养殖场为节约养殖成本，通常在养殖场的布局方面没有按照生态养殖污染防治要求进行布局，特别是中小型的畜禽养殖场，没有足够的资金投入进行养殖场的综合布局，导致畜禽规模化养殖场的布局存在不合理的现象，从而引发污染问题。

第二章　发达国家畜禽粪污无害化处理与资源化利用

畜禽养殖为人们提供大量的优质蛋白质，满足了人们的物质需求，与此同时畜禽粪污造成的环境污染问题日益成为世界关注的焦点问题。纵观发达国家在畜禽粪污无害化处理与资源化利用上已取得成功经验，并建立健全了相关法规政策，其成功经验可在一定程度上为我国的畜禽粪污治理提供借鉴。但是在经验借鉴的同时，需结合我国本土国情，对相关技术和管理政策进行引进、吸收和创新，发展适合我国畜禽粪污无害化处理与资源化利用的技术和法规政策。本章对发达国家的畜禽粪污无害化处理和资源化利用的认识进行概括，并与我国的发展现状进行对比，为我国畜禽粪污无害化处理与资源化利用提供新的思路和借鉴。

第一节　发达国家畜禽养殖业

欧美发达国家畜牧业产业化起步早，畜牧业发展水平走在世界前列。20世纪中叶以后，欧美发达国家通过专业化的畜牧养殖，规模不断扩大，畜牧业占农业的比例不断攀升。第二次世界大战后，欧美发达国家大概用了60年的时间，将畜牧业从传统的、分散的养殖阶段过渡到集约化、生产效率高的工业化阶段。以下主要对北美和欧美发达国家畜禽养殖业的基本情况进行介绍。

一、北美发达国家畜禽养殖业的基本情况

北美发达国家主要包括美国和加拿大，这两个国家经济发达，国土辽阔，且对肉类蛋白质的需求量大，但是两国畜禽养殖的规模存在显著差

异。美国是畜牧业大国，畜牧业年产值约占农业总产值的 48％，主要养殖猪、牛、羊和禽类等动物，是世界第一大牛肉、禽肉生产国和第二大猪肉生产国，并且以大规模生产为主。根据世界粮农组织统计数据，2014 年美国肉类总产量达 4256 万吨，蛋类总产量 597 万吨，奶类总产量 9346 万吨，分别占世界总产量的 13.38％、7.91％和 11.66％。美国肉类生产以牛肉和禽肉为主，2014 年美国牛肉、禽肉、猪肉产量分别为 1145 万吨、2039 万吨和 1037 万吨，各占全球总产量的 16.74％、18.06％和 8.99％。美国畜牧业从业者较少，人均土地占有量高，在经营上以家庭牧场为主，牧场主完全自主经营。依靠雄厚的资金、先进的技术和完善的法律法规，美国畜牧业实现了规模化、集约化和机械化发展，养殖猪、牛和禽类趋向于更大规模和更专业化。随着大型农场日益增加，总的农场数量随之减少，美国大部分的畜禽由少数的大农场、养殖场饲养，例如规模在 5000 头以上的养猪场饲养着全国 55％的猪。此外，牛、猪和鸡等养殖方面的机械化程度也非常高，如拌料、投料和清扫等几乎全部机械化。

　　加拿大虽然国土辽阔，但是畜禽饲养量少，不足中国畜禽饲养量的十分之一，土地承载量小。此外，加拿大具有很强的环境保护意识、完善的环境保护法律法规和积极的财政支持，以及畜牧业行业协会提供的技术支持和引导。因此，相对来讲，畜禽粪污对加拿大的环境污染并不严重。对比美国和加拿大两个国家的畜禽养殖和环境污染现状，美国畜禽养殖的体量规模和污染情况更接近中国的实情，对中国畜禽养殖行业的粪污处理更有借鉴作用。

二、欧洲发达国家畜禽养殖业的基本情况

　　欧盟成员国依靠高新繁育技术和现代化管理模式来提高牲畜产量，通过专业化和集约化提高了生产效率，成为世界畜牧业发达地区，其牛奶产量占比 32.8％，位居世界第一，而牛肉和羊肉产量分别占比 15.9％和 12.4％，稳居前三。据欧洲统计局公布的数据显示（图 2-1），截至 2018 年，欧盟各国共有 1.48 亿头猪、8700 万头牛和 9800 万只绵羊和山羊，其中大多数牲畜都来自英国、法国、德国和西班牙等少数几个成员国。例如，欧盟四分之三的肉牛主要生产于法国（21.2%）、德国（13.7%）、英国（11.0%）、爱尔兰（7.5%）、西班牙（7.4%）、意大利（7.2%）和波兰（7.1%）；接近四分之三的生猪来自西班牙（20.8%）、德国（17.8%）、法国（9.3%）、丹麦（8.5%）、荷兰（8.1%）和波兰（7.4%）；三分之二的绵羊来自英国（26.3%）、西班牙（18.5%）、罗马尼亚（11.9%）和希腊（9.9%）；而三分之二的山羊来自希腊（31.0%）、西班牙（23%）和罗马尼亚（12.6%）。

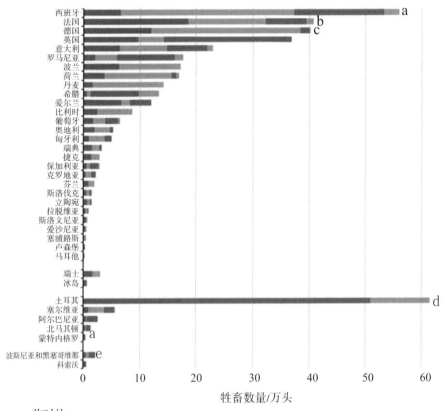

a. 临时的
b. 牛科动物（临时的）
c. 山羊（估算）
d. 绵羊和山羊，2017
e. 猪，绵羊，山羊（估算）

数据来源：欧洲统计局

图 2-1　2018 年欧洲猪、牛、绵羊和山羊等牲畜统计数据

从近几年欧盟牲畜产量变化趋势来看（图 2-2），欧盟四种主要牲畜的数量在 2018 年较 2017 年均有所降低，反映出欧盟畜禽养殖呈现出萎缩状态。这些变化趋势均在一定程度上反映了当时的社会经济状况。以生猪产量变化为例，2017 年呈现峰值，这是因为生猪出口出现较大幅度的反弹。以牛、羊和山羊为例，在 2016 年达到峰值之后，下降速度明显加快，这与 2015 年逐步淘汰牛奶配额有关。而其中一些欧盟国家的变化趋势与欧盟总体下降趋势一致。例如自 2010 年开始，欧盟绵羊的数量一直在急剧下降，其中西班牙的绵羊数目减少了 850 万头，而英国的绵羊数目减少了 500 万头。此外，这些变化趋势与生产效率的提高也具有一定的关系。

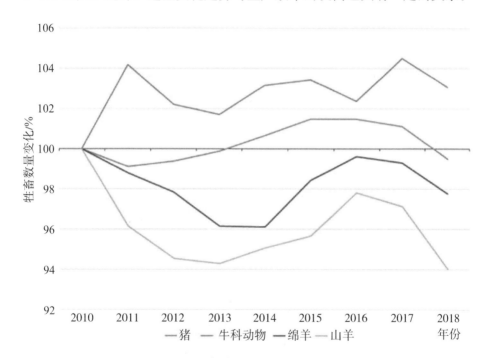

图 2-2　2010—2018 年欧洲 28 个成员国牲畜统计数据变化

据欧洲统计局 2018 年数据显示，当年牛肉（牛肉和小牛肉）、猪肉和羊肉（绵羊和山羊肉）的总产值分别为 790 万吨、2384 万吨和 77 万吨。其中牛肉产量较 2017 年增长了约 1.7%，而此前，自 2013 年开始牛肉产量呈下降趋势，该最新涨幅应与 2015 年牛奶配额结束，一些最小的农场放弃了乳制品生产，导致牛的屠宰量上升有关。同时，欧盟猪、牛和羊等肉类的生产也主要来自几个主要成员国。例如欧盟接近一半的牛肉（图 2 - 3）来自三个成员国，分别是法国（18.3%）、德国（15.2%）和英国（13.2%）；三分之二的小牛肉来自荷兰（25.7%）、西班牙（24.8%）和法国（18.9%）；一半以上的猪肉来自德国（22.49%）、西班牙（19.0%）和法国（9.1%）；一半以上的羊肉来自英国（37.2%）和西班牙（16.8%）。

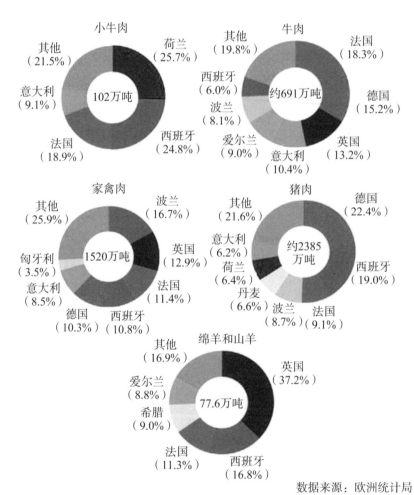

数据来源：欧洲统计局

图 2 - 3 2018 年欧盟不同国家和不同肉类产量分布情况（基于酮体重的肉类产量百分比）

　　此外，欧盟在 2018 年生产了大约 1520 万吨家禽肉，创历史新高（图 2-3）。它推动了欧盟的家禽生产量比 2010 年增加了 320 万吨，累计增加约 25%。欧盟的主要家禽肉生产国包括波兰（250 万吨）、英国（200 万吨）、法国（170 万吨）、西班牙（160 万吨）、德国（160 万吨）和意大利（130 万吨），分别占比 16.7%、12.9%、11.4%、10.8%、10.3% 和 8.5%。2018 年，这些主要成员国家禽类产量的增幅较欧盟的平均水平更明显，而意大利除外（下降约 3.2%），其中波兰和英国的上升尤为明显，分别为 8.6% 和 8.1%。

第二节　发达国家畜禽养殖环境问题

　　尽管欧美发达国家现行的畜禽养殖污染防治体系可为我国相关体系建设提供经验借鉴，但事实上，欧美发达国家也曾因处理不当而造成过严重的环境污染问题，这与当前中国农业处境十分相似。20 世纪中叶以后，欧美发达国家通过专业化的畜牧养殖，规模不断扩大，畜牧业占农业的比例不断攀升，极大地满足了人们对肉蛋奶的需求，同时发达国家的禽畜养殖以集约化和工业化为主，由于畜禽废物产量大且集中，对周围土壤、水源和空气等产生了严重的环境污染。畜禽养殖产生的污染物包括三部分：水污染物，主要包括畜禽养殖产生的尿、养殖废水等；固体废物，主要包括畜禽粪便以及病死的畜禽尸体等；大气污染物，主要包括畜禽养殖产生的温室气体以及恶臭气体等。

一、畜禽粪污对发达国家的环境影响

　　畜禽养殖废水当中富含氮、磷、钾等有机质，一方面可能引起水体富营养化，另一方面可能污染人类水源。例如美国淡水系统中，三分之一的氮和磷都是由畜禽养殖废弃物所产生，养殖业与农业污染导致了美国四分之三的河流以及一半的湖泊污染。Mallin 等对美国北卡罗来纳州沿海平原

附近的水体进行监测，发现水体当中病原微生物以及氮元素均主要来源于附近的大规模畜禽养殖场所排放的畜禽粪便。因此，养殖业污染治理已经成为美国环境政策关注的焦点，而畜禽废弃物的治理也成为美国最大的环境保护问题。荷兰是欧洲的农业大国，因畜牧业高度密集，造成了地表水体富营养化和地下水水质下降，引起严重的硝酸盐污染。

畜禽粪便在还田过程中，如处理不当，不仅会造成土壤养分过剩、盐离子浓度过高、农作物减产，还导致重金属、兽药残留以及有害菌等污染物进入土壤造成生态环境风险，对食品安全构成威胁。例如对美国南部地区的耕地肥力研究发现，长期使用畜禽粪便的耕地，其氮和磷含量比不使用畜禽粪便的土壤高4～5倍。同时，加拿大及新西兰的耕地相关研究也表明，长期施用畜禽粪便的耕地当中的土壤氮累积现象十分明显。

畜禽养殖过程中除了会产生硫化氢等有毒有害气体对大气造成污染外，还会产生甲烷、CO_2等温室气体，引发温室效应。根据美国食品和农业组织的估计，畜牧业已经成为全球农业领域最大的温室气体排放源，约占温室气体总量的14%，而每年畜牧业所排放的甲烷总量高达8000万吨，其中73%主要来自牛。2008年，Williams等通过测算英国畜禽养殖业所排放的温室气体含量发现，英国畜禽养殖业的温室气体年生产总量达到5750万吨二氧化碳当量；2003年，Tara等通过估算表明，英国全年畜牧业生产所排放的温室气体占总温室气体排放量的7%～8%。

此外，畜禽养殖对生物多样性的影响也是发达国家禽畜养殖最主要的环境问题之一。例如欧洲委员会的一项调查报告显示，90%以上的人认为集约化农业在一定程度上威胁着生物多样性。2019年，世界自然保护联盟的红色名录中新增了79种真菌，其中至少有15种真菌分布在欧洲大部分国家，但仅生长在欧洲地区传统农村的典型半自然草原上。然而在过去的50年中，由于半自然草原被转为集约化农用地用于养殖和耕作，导致这些草原真菌的栖息地锐减，并且受到氮基肥料和空气中氮污染的危害，濒临灭绝。1994年，欧盟认识到在农业上保护生物多样性和基因多样性的必要性，同时这也是履行联合国《生物多样性公约》所规定的义务。

二、发达国家畜禽粪污中主要有害物质

除以上营养元素过量污染水土和温室气体排放外，畜禽粪污中还含有大量的有毒有害物质，比如重金属、激素、抗生素和病原微生物等。这些有毒有害物质可进入环境介质，迁移并残留在植物中，并通过食物链进入人体内，对人体健康产生影响。例如 Sarmah 等对新西兰某地的养殖场排污中的激素进行检测，发现奶牛场排污中 17β-雌二醇和雌酮浓度最高值分别达到 331 ng/L 和 3123 ng/L，是污水厂出水最高浓度的 22 倍和 37 倍。而英国的研究显示，其畜禽养殖场每年产生的 17β-雌二醇高达 789 kg，是其人口排放的近 3 倍。即使欧盟从 2006 年开始禁止使用所有抗生素类生长促进饲料添加剂，也并不意味着抗生素在养殖中是零使用，预防性用药如针对胃肠道病菌预防治疗的聚醚类抗生素，仍会作为饲料添加剂加入饲料中；治疗性用药如氧氟沙星、氟苯尼考、头孢噻呋等，也会注射治疗使用。而美国尚未全面禁止抗生素与激素的使用，目前仍在使用 BST、BGH 及莱克多巴胺等抗生素与激素，非标有 USDA Organic 的肉类，都有使用抗生素喂养的可能。由于吸收率低，30%～90% 的抗生素以原形通过排泄物排出，进入环境中，对周边土壤和地下水产生影响；而残留在动物体内的小部分抗生素也可能通过食物摄入的方式进入人体，造成危害。此外，畜禽粪污中还含有大量病原微生物，如处理不当也可能导致严重的环境污染。例如，1993 年，美国威斯康星州密尔沃基市的城市供水受到农场动物粪便的原生寄生物污染，引发了美国近代史上规模最大的突发性腹泻症，受感染者超过 40 万人。由于抗生素已成为全球化的环境问题，尤其是欧美发达国家对其研究和管控较早，对欧美发达国家的抗生素使用情况、环境污染以及管控措施的了解，也可为发展中国家抗生素的管控提供经验借鉴。

（1）欧美发达国家抗生素的使用概况

抗生素作为兽药和饲料添加剂，被广泛用于世界各国的畜禽和畜牧养殖业。欧盟国家使用的兽药主要是抗生素和杀寄生虫类药物，抗生素类兽药占所有兽药总量的 70% 以上。据统计，欧盟抗生素年消耗量达 5000 t，其中四环素类兽药用量达 2300 t。2003 年，英国累计出售 456 t 治疗用抗生素，其中 87%～93% 用于食品动物，36 t 属于抗菌生长促进剂成分；德国养殖业处方药物年用量达 100 t；在丹麦，每年兽药和饲料添加剂的消费总量为 165 t，其中 100 t 作为猪场的促生长调节剂，其中 45 t 为治疗性药物，10 t 用于集约化渔场，10 t 用于家禽的疾病防治。2001 年，美国忧思科学家联盟（UCS）报告指出，美国抗生素每年总用量超过 1.6 万吨，其中近 70% 以亚治疗剂量的方式使用。而我国抗生素及抗性基因污染问题与发达国家相比尤其突出，年产量达 14.7 万吨，年使用量达 16.2 万吨，其中 46.1% 被用于畜禽养殖业。

（2）抗生素的环境影响

兽药抗生素大多不能被动物充分吸收，通过动物排泄物直接或间接进入土壤和水等环境介质中，从而导致大量携带抗性基因的耐药细菌出现，同时，动物肠道内和粪便中含有丰富的耐药菌，粪便用作肥料后增加了农田土壤中抗性基因的丰度。已有大量分子生物学研究证实，这些细菌携带的抗性基因会在不同细菌间发生水平转移和传播，从而不断导致抗性致病菌甚至超级细菌的滋生。早在 1969 年，英国政府就提出，多重耐药细菌的上升率主要是由兽药使用引起的。目前，世界卫生组织估计有 70 多万人死于多种药物耐药细菌感染。据欧洲疾病预防与控制中心（ECDC）计算，仅 2015 年，欧盟就有 671689 例抗生素耐药细菌感染，导致 33110 人死亡。美国联邦卫生署疾病控制与预防中心在其《抗生素耐药性威胁报告》中指出，美国每年发生 280 多万例抗生素耐药菌感染，且超过 3.5 万人因此死亡。与公共卫生有关的国际组织（比如世界卫生组织、联合国粮农组织、国际兽疫局以及欧洲疾病预防与控制中心）一致认为，全球抗生素耐药性的规模正在不断扩大，迫切需要采取行动以遏制其进一步恶化发展的势头。

（3）发达国家兽药抗生素管控措施

欧美发达国家对国家兽药抗生素的管控主要从登记环节、使用环节和标准体系构建等方面进行。

发达国家对于兽药的管理中，安全性评价都涉及了兽药对环境的影响评价，登记注册要求中都包含兽药对环境影响的技术资料。美国 FDA 在借鉴农药风险评价的基础上分别制订了第 89 号指南《兽药产品的环境影响评价第 I 阶段》和第 166 号指南《兽药产品的环境影响评价第 II 阶段》，用于指导兽药上市前的环境安全评估；欧盟兽医药品法典规定，兽药生产商申请兽药上市前，需提供详细的兽药环境行为和生态毒理学研究数据，按照欧洲药品评估机构提出的兽药风险评估技术导则《兽药产品的环境影响评价》进行多层次生态风险评估，为兽药的环境管理提供依据。可见，发达国家对兽药登记中的环境风险控制有极其严格的要求。

鉴于滥用抗生素潜在的弊端和危机，许多国家和地区都禁止或限制了抗生素在饲料中的添加。欧盟各国是最早开始执行饲料无抗添加政策的，从 20 世纪 80 年代开始，抗生素促生长剂的使用逐渐被限制。1986 年，瑞典全面禁止在畜禽饲料中使用抗生素促生长剂（AGP），成为第一个不准使用抗生素作为饲料添加剂的国家。1997 年，欧盟决定所有欧盟成员国禁止使用阿伏霉素作为饲料添加剂。1999 年 7—9 月，欧盟决定所有成员国禁止使用泰乐菌素、螺旋霉素、杆菌肽和维吉尼亚霉素 4 种抗生素饲料添加剂。从 2006 年 1 月 1 日起，欧盟全面禁止抗生素作为促生长剂在饲料中添加使用，抗菌药物仅作为治疗药物使用，但需要开具兽医处方，违反规定将被重罚。此外，2015 年 10 月，欧盟在经合组织（OECD）"畜牧业抗菌药物使用的经济学和抗生素耐药性发展"研讨会上发布了欧盟抗击抗生素耐药性战略，要求欧洲药物管理局监测欧盟成员国每个动物单位的抗菌药物估计用量。例如 2014 年发布的《德国药品立法》第 16 次修正案中指出，德国强制对全国畜禽抗菌药物的使用进行监测，每个农民必须定期将其畜禽中抗菌药物的使用情况输入数据库，用来监控并减少畜牧业生产中抗生素的使用。因此，至 2018 年，德国全国畜牧业使用的抗菌药物数量已减少了 57％。此外，其他欧洲国家（丹麦、荷兰、比利时和英国）也已成功地将抗菌药物在农场动物中的使用率降低了 60％。由此可见，发达国家在抗菌药物的养殖环节减量化也经历了漫长且波折的过程，且不同国家的"禁抗"进程也存在很大差异（图 2-4）。

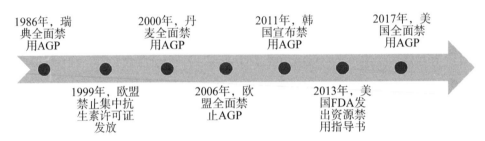

1986 年，瑞典全面禁用 AGP

2000 年，丹麦全面禁用 AGP

2011 年，韩国宣布禁用 AGP

2017 年，美国全面禁用 AGP

1999 年，欧盟禁止集中抗生素许可证发放

2006 年，欧盟全面禁止 AGP

2013 年，美国 FDA 发出资源禁用指导书

图 2-4　发达国家抗生素禁止使用历程

目前，在不同国家的环境质量标准与排放标准中还未体现抗生素指标，这是由于抗生素作为新兴污染物，相关标准仍在制定当中。美国环保局（USEPA）发布的《饮用水优先控制污染物名录（第三版）》中，已将红霉素列入其中，预计会在饮用水水质标准中引入抗生素指标。USEPA已建立了抗生素在污水、污泥和沉积物等介质中的分析方法，可为后续的环境监测与风险评估提供基础的监测支撑。

（4）国内外兽药抗生素管理政策的对比分析

与发达国家相比，我国在兽药抗生素的管理政策方面主要存在以下异同点：

①在登记环节，国外关注兽药抗生素的环境风险评估，而我国基本没有关注其环境影响。

②在使用环节，欧盟禁用了全部抗生素作为促生长饲料添加剂，而我国目前实行的"禁抗令"指的是 11 种具有预防动物疾病、促进动物生长

作用的合成抗菌药，此前被广泛用在畜禽养殖领域，分别为杆菌肽锌预混剂、黄霉素预混剂、维吉尼亚霉素预混剂、那西肽预混剂、阿维拉霉素预混剂、吉他霉素预混剂、土霉素钙预混剂、金霉素预混剂、恩拉霉素预混剂、亚甲基水杨酸杆菌肽预混剂和喹烯酮预混剂。

③在标准体系方面，美国筛选了抗生素指标作为其优先控制污染物，并已发布抗生素环境监测标准，而我国目前正在制定抗生素环境风险控制标准体系，并已发布首个肥料中抗生素残留检测方法的国家标准。

④在行动计划方面，我国与发达国家一样，积极响应 WHO 出台的《控制细菌耐药全球行动计划》，出台了国家行动计划。对比发达国家，我国的"禁抗"行动开始比较晚，只经历了四年的时间，从 2016 年开始限抗到 2020 年禁止促生长类抗生素生产和饲料添加（图 2-5）。根据《兽药管理条例》和《饲料和饲料添加剂管理条例》有关规定，按照《遏制细菌耐药国家行动计划（2016—2020 年）》和《全国遏制动物源细菌耐药行动计划（2017—2020 年）》部署，我国农业农村部于 2019 年 7 月 10 日发布第 194 号公告，自 2020 年 7 月 1 日起，我国正式停止生产、进口、经营和使用 11 种具有预防动物疾病、促进动物生长作用的抗生素/合成抗菌药。

图 2-5 我国抗生素禁止使用时间表

第三节　发达国家畜禽粪污无害化与资源化技术

一、种养结合模式及主要技术

1. 畜禽粪污全量收集还田利用

粪污全量收集还田利用是指将养殖场产生的粪便、尿液和污水集中收集，全部进入贮存设施，通过贮存无害化处理后在施肥季节进行还田利用。粪污收集类型包括水泡粪和水冲粪两种（图2-6）。水泡粪是指粪污收集过程中不使用或仅用少量冲洗水，通过全漏缝地板收集粪污；水冲粪是指通过水冲洗圈舍，使粪尿污水混合进入圈舍地板下的粪沟后收集粪污。该技术在欧美发达国家的应用已比较成熟，例如法国和荷兰等国养殖场粪污收集主要采取水泡粪工艺，待粪沟储满后再将粪污输送至舍外贮存池，经贮存一定时间后还田利用；德国主要采用深粪坑对粪污进行全量贮存处理，贮存6～9个月后再直接还田利用；丹麦通过减少漏缝地板面积，并将漏缝地板下的粪污收集系统改为"V"字形构造（图2-7），有效地减少了粪尿贮存表面积，可减少15%～25%的氨排放。此外，丹麦还研发了粪浆冷却处理工艺，可以减少30%氨排放，部分养殖场为了提高养分固持效率，在粪污全量贮存过程中加入酸化剂进行稳定处理，主要是使用95%的工业硫酸与粪浆混合，调节粪浆的pH值至小于5.5，可减少氨气排放70%以上，而经过酸化的粪水可回用于冲栏，降低养殖舍的氨排放强度。

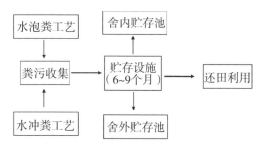

图 2-6　粪污贮存利用工艺流程

图 2-7　"V"字形粪污收集系统（左）和粪污酸化系统（右）

粪污贮存设施分为舍内贮存池和舍外贮存池两种。粪污贮存可采取舍内贮存、舍外贮存和舍内外贮存相结合三种方式。舍内贮存模式集粪污收集与贮存于一体，无需在舍外再建粪污贮存池，节水节能，节省劳动力，但是需与养殖圈舍统一规划设计，并且基础建设成本高，适合于大型新建养殖场。舍外贮存与舍内贮存模式相比，节省了养殖圈舍投资成本，但需要再配套建设舍外贮存池，以满足粪污存储需求。从粪肥利用角度考虑，舍外贮存模式灵活度高，适合于中小规模养殖场或部分改造型养殖场。

贮存设施参数主要包括贮存容积、贮存时间和 pH 值。

粪污贮存设施容积：应充分考虑养殖规模和存储周期等因素，需满足整个养殖周期内的粪污存储需求。粪污贮存设施最小容积计算方法如下：

$$V_{\mathrm{m}} = 0.7Q \qquad (1)$$

式中 V_m 为粪污贮存池容积（m³）；Q 为生猪存栏量（头）。以存栏 5000 头规模养猪场为例，粪污贮存池容积至少需 3500 m³。

贮存时间：主要由饲养周期和粪肥利用季节两个因素决定。欧洲国家基本要求养殖粪污贮存 4～6 个月后才能还田，例如英国要求最少贮存 4 个月，法国要求 4～6 个月，德国和荷兰要求 6 个月，而丹麦要求 9 个月。

主要优点：设施建设成本低、工艺操作简单、设施配套灵活、运行成本低廉、粪便污水全量收集、养分利用率高，可最大限度实现粪污源头减量和粪肥还田利用的目标，有利于实现种养平衡。

主要不足：粪污贮存周期一般需半年以上，需足够的贮存设施容积和配套的土地消纳面积，施肥期比较集中，需配套专业的搅拌设备、施肥机械管网等，粪污长距离运输费用高，只能在一定范围内施用。

适用范围：一般适用于猪场水泡粪工艺或奶牛场的自动刮粪回冲工艺等，粪污总固体含量应小于 15%，同时需要与粪污养分配套的农田。

2. 养分管理计划

20 世纪末，美国提出集约化畜禽养殖场在申请排污许可证之前，必须咨询养分管理顾问，并制订养分管理计划。该计划由养殖场信息、粪污存储、污染物径流控制措施、粪污检测和土壤检测、粪污施用、动物尸体处理、水体改道、避免养殖动物与水体直接接触、化学制品处置等九大项目组成（表 2-1）。

表 2-1　　　　　　　　　　　养分管理项目主要内容

组成项目	主要内容
养殖场信息	养殖场名称、地点、所有人姓名、养殖动物的种类和数量。
粪污存储	需要存储的粪污数量、存储设施的编号及其存储能力，以及存储设施的操作与维护规程。
污染物径流控制措施	养殖场采用的缓冲区、植被过滤带、人工湿地等是否执行了距离要求。

续表

组成项目	主要内容
粪污检测和土壤检测	土壤和粪污的检测次数、程序和检测结果。
粪污施用	粪污施用的土地、使用方式、施用率及施用时间。
动物尸体处理	动物尸体的处理方式。
水体改道	是否有水体改道。
避免养殖动物与水体直接接触	饲养的动物是否与水体有直接接触，列举避免接触的措施。
化学制品处置	化学制品（如杀虫剂、化肥、有毒化学品）存储和处理方式。

3. 以种定养，合理布局

根据种植作物品种和养殖种类合理进行产业布局，使养殖业和种植业在饲料、肥料上形成良好的养分物质循环。例如美国通过合同关系，将生猪产业布局在中西部玉米种植带，方便其猪粪施用于邻近的农作物农场。欧盟共同农业政策制定了种植规模决定养殖规模的原则，限制大规模的畜禽养殖，同时养殖农场可以通过购买、租用农田或者与种植业农场签订粪污排放合同，以此来适度扩大养殖规模。例如德国是较早实行种养结合、发展循环经济的国家，规模在 30 hm² 以下的农场占总数的 65%，并且规定每公顷的畜禽饲养量限制：牛 9 头、羊 18 只、猪 15 头、鸡 3000 只、鸭 450 只；英国的草地占国土面积的 70%，为保护草地资源的可持续发展，实行划区轮牧和以草定畜，规定每公顷饲养牛不超过 2 头，羊不超过 8 只；丹麦根据不同农作物的营养元素需求和动物粪便的特点，核算农用地所能容纳的动物饲养量，始终保持种养平衡。丹麦政府规定所有畜禽粪便施用于农场时，应严格根据畜禽粪肥特性（表 2-2）以及不同农作物对氮、磷、钾等营养元素的需求量（表 2-3）来制定粪肥施用标准，其中氮素使用量被列为强制性标准，而磷、钾元素被列为推荐性标准。

表 2 - 2 丹麦畜禽粪肥特性

粪肥种类	干物质质量分数/%	P质量分数/（g/kg）	K质量分数/（g/kg）	总氮质量分数/（g/kg）	氨氮占总氮比例/%	C/N	生物降解能力
垫料	25～30	1.5	10～12	7～10	10～25	20～30	中
猪粪	20～25	4～5	8～9	9	30～45	12～15	中
牛粪	18～20	1.7	3	6	20～30	15～20	低
肉鸡粪便	45～50	7～9	13～16	20	10～25	5	高
蛋鸡粪便	50～60	7～12	9～16	20～30	5～35	10	中
猪场粪水	4～7	1	2～3	3～5	70～75	5～8	中
牛场粪水	7～10	0.9	4～6	4～5	50～60	8～10	低
家禽粪水	10～15	1～2	2～3	6～10	60～70	4	中

表 2 - 3 农作物营养元素需求

作物	前茬作物	营养元素需求量/（kg/hm²）		
		N	P	K
冬小麦	冬小麦	195	25	65
冬小麦	豌豆	160	25	65
冬小麦	苜蓿（牧草）	145	25	65
冬小麦	草（草籽）	180	25	65
冬油菜	不限	190	25	80
春油菜	不限	115	20	75
豌豆	不限	0	25	70
土豆	不限	150	25	180

续表

作物	前茬作物	营养元素需求量/（kg/hm²）		
		N	P	K
甜菜	不限	120	35	150
玉米	不限	175	35	160
牧草（青贮饲料，11%～30%苜蓿）	不限	300	40	240
牧草（青贮饲料，苜蓿＞50%）	不限	0	35	200
牧草（放牧）	不限	160	25	120

二、沼气发酵工艺

对于降水量丰富、电能供应紧张且沼气发酵原料丰富的一些欧美国家，政府鼓励采用沼气发酵工艺进行畜禽粪污处理。例如，德国每年秸秆产量超过4800万吨，而畜禽粪便所含干物质约为5.75万吨，其中奶牛场占比约28.2%。因此，德国农场主要推行沼气发酵工艺进行粪污处理利用。德国沼气工程产业普遍采用"沼气发电、余热生温、中高温发酵、气囊储气、自动控制、沼渣沼液施肥"的模式。

1. 发酵原料

发酵原料主要为畜禽粪便和能源作物，约占所有发酵原料的92%。其中能源作物主要有玉米、大麦、甜菜、高粱和青草等，占比49%；禽畜粪便占比43%，有机生物垃圾占比7%，工业有机废弃物占比1%。德国大多数沼气工厂采用畜禽粪便与能源作物混合发酵，有利于发酵系统的稳定运行和发酵效率的有效提升。

畜禽粪便资源化利用新技术

2. 发酵工艺

德国大中型沼气工程所采用的发酵工艺主要有完全混合式工艺、塞流式工艺和车库批量式工艺，其中以完全混合式工艺为主。当干物质含量≤12％时，主要采用完全混合式和塞流式工艺；当干物质含量＞25％时，采用车库批量式工艺。为使原料充分产气，德国沼气工程大多采用二级或三级发酵，每级发酵的滞留期一般为30～35天，第一级和第二级发酵温度通常保持在35 ℃～45 ℃，第三级发酵则普遍采用常温发酵。一些工程采用了将发酵罐和储气柜一体化的设计，即在反应器的上部安装双层膜用以储存沼气（图2-8）。

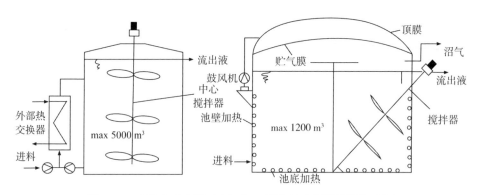

图 2-8 全混合反应器（左）和双层膜顶反应器结构图（右）

3. 发酵设备

德国沼气工程发酵装置和配套设备已达到设计标准化、产品系列化、生产工业化水平，相关设备的组装也达到模块化和规范化。厌氧发酵装置、沼气发电设备、机械搅拌装置、固液分离器、脱硫器、余热利用、自动化控制系统等都已形成国际品牌，沼气工程完全实现了"高效产气、沼气发电、余热升温、中温发酵、柔性气囊储气、沼液施肥"的产业发展模式。为了延长使用寿命，沼气工程主体结构采用搪瓷拼装罐或不锈钢结构，包括原料储存罐、发酵罐、高温消毒罐、储沼液罐等。其中混合装置可使沼气池内料液实现完全均匀或基本均匀状态，有助于微生物和原料充分接触，加快硝化速度，提高容积负荷率和体积产气率。

德国沼气工程自动化程度高，监控技术也十分成熟，主要采用分布式控制系统、现场总线控制系统等工业化控制系统。除物料进出时需人工干涉外，其余环节均能实现自动化运行，因而德国沼气工程都具有管理人员少、效率高的技术特点。

4. 综合利用

在沼气利用上，德国多数沼气工程采用生物脱硫和活性炭脱硫相结合的方式进行脱硫，脱硫后方可用于发电入网。此外，通过热电联产技术，提升了沼气工程综合效益、能源品位、转换率和产量，且有利于维持设备运行的稳定性。德国沼气工程有98%采取热电联产方式，并且所使用的内燃机发电技术世界领先。当装机容量在200 kW以下时，使用双燃料机组；而装机容量在200 kW以上时，使用点燃式沼气发动机，两者发电效率均可达33%～37%。

在沼液沼渣利用上，德国还田利用非常充分，已实现全程机械化。当不同农场之间沼肥交叉使用时，须经过高温消毒处理（＞70 ℃），如果用于饲料施肥，必须90 ℃高温处理至少1小时，秋季以后（10月至来年4月），沼液必须贮存6个月以上才能使用。

主要优点：占地面积较少，适应性较好，受季节和地理位置的影响较小；中、高温发酵后，病原微生物和寄生虫卵等基本都能被杀灭，可减少疾病的传播和蔓延；增加优质可再生能源利用，缓解能源压力；可有效改善养殖场及其周围的空气环境质量，改善农村卫生环境。

主要缺点：设施投资较大，运行成本高，机械设备多，维护管理量大，技术要求高，需专业技术人员进行管理。

适用范围：对那些地处经济发达的大城市近郊、土地紧张且无足够农田消纳粪便污水或进行自然处理的较大规模养殖场。

三、饲料化

畜禽粪便中含有粗蛋白、粗纤维、矿物质、微量元素和多种维生素等养分，特别是粗蛋白含量很高，粪便经加工处理可成为很好的畜禽饲料。具体鸡粪处理方法主要有以下几种：

（1）脱水干燥法。主要包括鸡舍内干燥、发酵干燥、太阳能干燥和快速连续干燥等方法，国外已研制出各种成系列的干燥设备，并对鸡粪进行杀菌、消毒和除臭。

（2）化学处理法。通过甲醛、乙烯、甲基溴化物和氢氧化钠等化学试剂处理鸡粪，杀死大多数微生物，从而防止饲料腐烂，有利于保存蛋白质等营养物质。

（3）生物处理法。将鸡粪与麸皮、玉米秸秆等混合青贮发酵，或采用专门培养的菌种接种鸡粪，同时添加糠麸等发酵后得到无臭的泡散松软发酵饲料，该方法简便易行、经济效益高。

（4）氧化沟法。常用于稀释的鸡粪，氧化沟内装有通风机，使沟内液体流动，并提供氧气，使有机物转化为单细胞蛋白，所得到的氧化沟混合液营养价值高，但能量水平低，可用于喂猪。

（5）化学分离法。鸡粪通过浸提和分离后，转化为固态物质和滤液两部分。固态物质和蛋壳粉、羽毛粉及各种营养成分配合，制成营养成分平衡的新型畜禽饲料。而滤液经化学处理后，可凝结回收尿酸，剩余滤液可作细菌培养液，用于细菌蛋白生产。

（6）载体发酵法。采用泡沫脲醛聚合物作为载体吸收液化鸡粪后，保温发酵，制得富含微生物蛋白原的干制品，可作为适口的反刍家畜营养添加剂。

四、肥料化

对于一些畜牧业发达、国土面积小、没有足够土地消纳养殖粪污的国家或地区，可将畜禽粪污制成肥料。例如荷兰绝大多数奶牛场非常注重粪污循环利用，其粪污处理采用"液压刮粪板＋固液分离＋筛分固体压块"一体化工艺。从粪污收集、干湿分离到干物质深加工等都有完善的配套处理设施。粪污收集采用液压刮粪板全自动定点铲粪，从而缩短了牛粪暴露空气时间，减少挥发性气体排放，且降低劳动时间和成本。粪污收集后统一进行固液分离，从而减少粪污总量，便于固体物质运输，且固体物质具有好氧稳定性，从而减少甲烷排放量。固液分离后的污水澄清后直接用于农田施肥灌溉，而分离得到的固体物采用筛分固体压块一体化技术进行深加工，制成有机肥，从而增加牛粪的附加值。

第三章　畜禽粪便污染物的产生与处理原则

第一节　畜禽粪便污染物产生的分析

畜禽粪便污染物是指畜禽养殖过程中产生的废弃物，包括粪、尿、垫料、冲洗水、饲料残渣和臭气等。由于废弃物中垫料和饲料残渣所占比重很小，臭气产生后即挥发，粪污中的这些物质将暂不予考虑，本书主要考虑畜禽粪、尿及其与冲洗水形成的混合物。

一、畜禽粪便污染物的形成

1. 粪的形成

动物采食饲料，摄入的水、蛋白质、矿物质、维生素等营养物质在动物消化道内经过物理、化学、微生物等一系列消化作用后，将大分子有机物质分解为可溶解的小分子物质，经过消化道上皮细胞吸收而进入血液或淋巴，通过循环系统运输到全身各处，被细胞所利用。

动物饲料中的营养物质并不能全部被动物体消化和吸收利用。动物消化饲料中营养物质的能力称为动物的消化力。动物种类不同、消化道结构和功能亦不同，对饲料中营养物质的消化既有共同的规律，也存在不同之处。

动物对饲料的消化有物理性消化、化学性消化和微生物消化三种方式。物理性消化主要靠动物口腔内牙齿和消化道管壁的肌肉运动把饲料撕碎、磨烂、压扁，为胃肠中的化学性消化、微生物消化做好准备；化学性消化主要是借助来源于唾液、胃液、胰液和肠液的消化酶对饲料进行消化，将饲料变成动物能吸收的营养物质，反刍与非反刍动物都存在着酶的消化，但是非反刍动物酶的消化具有特别重要的作用；微生物消化对反刍动物和草食单胃动物十分重要，反刍动物的微生物消化场所主要在瘤胃，其次在盲肠和大肠，草食单胃动物的微生物消化主要在盲肠和大肠，消化道微生物是这些动物能大量利用粗饲料的根本原因。

当然，各类动物的消化也各具特点。非反刍动物，主要有猪、马、兔等，其消化特点主要是酶的消化，微生物消化较弱；猪饲粮中的粗纤维主要靠大肠和盲肠中的微生物发酵消化，消化能力较弱；反刍动物，主要有牛、羊，其消化特点是前胃（瘤胃、网胃、瓣胃）以微生物消化为主，主要在瘤胃内进行，饲料在瘤胃经微生物充分发酵，其中，70%～85%的干物质和50%的粗纤维在瘤胃内消化，皱胃和小肠的消化与非反刍动物类似，主要是酶的消化。禽类对饲料中养分的消化类似于非反刍动物猪的消化，不同的是禽类口腔中没有牙齿，靠喙采食饲料，喙也能撕碎大块食物。禽类的肌胃壁肌肉厚，可对饲料进行机械磨碎，肌胃内的砂粒更有助于饲料的磨碎和消化。禽类的肠道较短，饲料在肠道中停留时间不长，所以酶的消化和微生物的发酵消化都比猪的弱。未消化的食物残渣和尿液，通过泄殖腔排出。

饲料中未被消化的剩余残渣，以及机体代谢产物和微生物等在大肠后段形成粪便。粪中所含各种养分并非全部来自饲料，有少量来自消化道分泌的消化液、肠道脱落细胞、肠道微生物等内源性产物。

2. 尿的形成

动物生存过程中，水是一种重要的营养成分。动物体内的水分布于全身各组织器官及体液中，细胞内液约占 2/3，细胞外液约占 1/3，细胞内液和细胞外液的水不断进行交换，维持体液的动态平衡。不同动物体内水的周转代谢的速度不同，用同位素氚测得牛体内一半的水 3.5 d 更新一次。非反刍动物因胃肠道中含有较少的水分，周转代谢较快。各种动物体内水的周转受环境因素（如温度、湿度）及采食饲料的影响。采食盐类过多，饮水量增加，水的周转代谢也加快。

尿液是动物排泄水分的重要途径，通常随尿液排出的水可占总排水量的一半左右。消化系统吸收的水分、矿物质、消化产物等通过循环系统运输到全身各处，细胞产生的代谢废物（主要有水分、尿素、无机盐等）通过泌尿系统形成尿液，排出体外。

尿液排出的物质一部分是营养物质的代谢产物；另一部分是衰老的细胞破坏时所形成的产物，此外，排泄物中还包括一些随食物摄入的多余物质，如水和无机盐类。

动物摄入水量增多，尿的排出量则增加。动物的最低排尿量取决于必须排出溶质的量及肾脏浓缩尿液机制的能力。不同动物由尿排出的水分不同。禽类排出的尿液较浓，水分较少；大多数哺乳动物排出的水分较多。

3. 冲洗水

冲洗水是畜禽养殖过程中清洁地面粪便和尿液而使用的水，冲洗水与被冲洗的粪便和尿液形成混合物进入粪污处理系统。

冲洗水的使用量与畜禽粪污的清理方式有关，目前主要清理方式有干清粪、水冲清粪和水泡粪。

干清粪是采用人工或机械方式从畜禽舍地面收集全部或大部分的固体粪便，地面残余粪尿用少量水冲洗，冲洗水量相对较少。

水冲清粪是从粪沟一端的高压喷头放水清理粪沟中粪尿的清粪方式。水冲清粪可保持猪舍内的环境清洁、劳动强度小，但耗水量大且污染物浓度高，一个万头猪场每天耗水量在 $200\sim250\ m^3$，粪污化学需氧量（COD）在 $15000\sim25000\ mg/L$，悬浮固体在 $17000\sim20000\ mg/L$。

水泡粪主要用于生猪养殖，是在猪舍内的排粪沟中注入一定量的水，粪尿、冲洗和饲养管理用水一并排放到缝隙地板下的粪沟中，储存一定时间后，打开出口的闸门，将沟中粪水排出。水泡粪比水冲粪工艺节省用水，但是由于粪污长时间在猪舍中停留，形成厌氧发酵，产生大量的有害气体，如 H_2S（硫化氢）、CH_4（甲烷）等，恶化舍内空气环境，危及动物和饲养人员的健康。粪污的有机物浓度更高，后期处理也更加困难。

二、畜禽粪便污染量的影响因素

畜禽粪污由粪便、尿液以及冲洗水组成，因此，任何影响粪便、尿液和冲洗水量的因素也势必影响粪污的产生量。

1. 粪便量的影响因素

由于粪便由饲料中未被消化的剩余残渣、机体代谢产物和微生物等组成，因此，凡是影响动物消化生理、消化道结构及其功能和饲料性质的因素，都会影响粪便量。

（1）畜禽种类、年龄和个体差异

不同种类的畜禽，由于消化道的结构、功能、长度和容积不同，因而对饲料的消化力不一样。一般来说，不同种类动物对粗饲料的消化率差异较大，牛对粗饲料的消化率最高，其次是羊，猪较低，而家禽几乎不能消化粗饲料中的粗纤维。

畜禽从幼年到成年，消化器官和功能发育的完善程度不同，对饲料养分的消化率也不一样。蛋白质、脂肪、粗纤维的消化率随动物年龄的增加而呈上升趋势，但老年动物因牙齿退化，不能很好地磨碎食物，消化率又逐渐降低。

同一品种、相同年龄的不同个体，因培育条件、体况、用途等不同，对同一种饲料养分的消化率也有差异。

动物处于空怀、妊娠、哺乳、疾病等不同的生理状态，对饲料养分的消化率也有影响。一般而言，处于空怀和哺乳状态的动物消化率比妊娠动物好，健康动物对饲料的消化率比生病动物要好。

（2）饲料种类及其成分

不同种类和来源的饲料因养分含量及性质不同，可消化性也不同。一般幼嫩青绿饲料的可消化性较高，干粗饲料的可消化性较低；作物籽实的可消化性较高，而茎秆的可消化性较低。

饲料的化学成分以粗蛋白质和粗纤维对消化率的影响最大。饲料中粗蛋白质愈多，消化率愈高；粗纤维愈多，则消化率愈低。

饲料中的抗营养物质有：影响蛋白质消化的抗营养物质或营养抑制因子有蛋白质酶抑制剂、凝结素、皂素（皂苷）、单宁、胀气因子等；影响矿物质消化利用的有植酸、草酸、棉酚等，如饲料中磷与植酸结合形成植酸磷，猪缺乏植酸酶，很难对其进行消化。因此，植物性饲料中的大多数磷都通过粪便形式排出；影响维生素消化利用的抗营养物质有脂肪氧化酶、双香豆素、异咯嗪。各种抗营养因子都不同程度地影响饲料消化率。

（3）饲料的加工调制和饲养水平

饲料加工调制方法对饲料养分消化率均有不同程度的影响。适度磨碎有利于单胃动物对饲料干物质、能量和氮的消化；适宜的加热和膨化可提高饲料中蛋白质等有机物质的消化率。粗饲料用酸碱处理有利于反刍动物对纤维性物质的消化；凡有利于瘤胃发酵和微生物繁殖的因素，皆能提高反刍动物对饲料养分的消化率。

饲养水平过高或过低均不利于饲料的转化。饲养水平过高，超过机体对营养物质的需要，过剩的物质不能被机体吸收利用，反而增加畜禽能量的消耗，如蛋白质每过量 1%，可供猪利用的有效能量相应减少约 1%。相反，饲养水平过低，则不能满足机体需要而影响其生长和发育。以维持水平或低于维持水平饲养，饲料养分消化率最高，而超过维持水平后，随饲养水平的增加，消化率逐渐降低。饲养水平对猪的影响较小，对草食动物的影响较明显。

2. 尿量的影响因素

畜禽的排尿量受品种、年龄、生产类型、饲料、使役状况、季节和外界温度等因素的影响，任何因素变化都会使动物的排尿量发生变化。

（1）动物种类

不同种类的动物，其生理和营养物质特别是蛋白质代谢产物不同，影响排尿量。猪、牛、马等哺乳动物，蛋白质代谢终产物主要是尿素，这些物质停留在体内对动物有一定的毒害作用，需要大量的水分稀释，并使其适时排出体外，因而产生的尿量较多；禽类体蛋白质代谢终产物主要是尿酸或胺，排泄这类产物需要的水很少，尿量较少，成年鸡昼夜排尿量60～180 mL。某些病理原因常可使尿量发生显著的变化。

（2）饲料

就同一个体而言，动物尿量的多少主要取决于机体所摄入的水量及由其他途径所排出的水量。在适宜环境条件下，饲料干物质采食量与饮水量高度相关，食入水分十分丰富的牧草时动物可不饮水，尿量较少；食入含粗蛋白质水平高的饲粮，动物需水量增加，以利于尿素的生成和排泄，尿量较多。初生哺乳动物以母乳为主，母乳中高蛋白含量的代谢和排泄使尿量增加。饲料中粗纤维含量增加，因纤维膨胀、酵解及未消化残渣的排泄，使需水量增加，继而尿量增加。

另外，当日粮中蛋白质或盐类含量高时，饮水量加大，同时尿量增多；有的盐类还会引起动物腹泻。

（3）环境因素

高温是造成畜禽需水量增加的主要因素，最终影响排尿量。一般当气温高于30 ℃，动物饮水量明显增加，低于10 ℃时，需水量明显减少。气温在10 ℃以上，采食1 kg干物质需供给2.1 kg水；当气温升高到30 ℃以上时，采食1 kg干物质需供给2.8～5.1 kg水；产蛋母鸡当气温从10 ℃以下升高到30 ℃以上时，饮水量几乎增加两倍。虽然高温时动物体表或呼吸道蒸发散热增加，但是，尿量也会发生一定的变化。外界温度高、活动量大的情况下，由肺或皮肤排出的水量增多，导致尿量减少。

3. 冲洗水量影响因素

冲洗水量主要取决于畜禽舍的清粪方式。

（1）清粪方式

不同清粪方式的冲洗用水量差别很大，对于猪场，如果采用发酵床养猪生产工艺，生产过程中的冲洗用水量很少，甚至不用水冲洗；但是如果采用水冲清粪工艺，畜禽排泄的粪尿全部依靠水冲洗进行收集，冲洗用水量很大。对于鸡场，采用刮粪板或清粪，只在鸡出栏后集中清洗消毒，冲洗水量也很少。

（2）降温用水

虽然降温用水与冲洗并无关联，但不少养殖场在夏季通过冲洗动物体实现降温，冲洗水也将成为粪污的一部分，这也是一些猪场夏季污水量显著增加的一个重要原因。

第二节　畜禽粪便污染物对生态环境的影响

一、对水体环境的影响

畜禽粪便中所含的大量氮、磷和药物添加剂的残留物，是生态环境破坏的主要污染源。未经处理粪尿中的氮、磷直接排入或通过淋洗、流失进入江河、湖泊或地下水中，造成污染。

1. 造成水体富营养化。畜禽粪便中的磷排入江河湖泊后，一方面导致水中的藻类和浮游生物大量繁殖，产生多种有害物质；另一方面使水中固体悬浮物、COD、BOD升高，造成水体富营养化，导致水体缺氧，使鱼类等水生动物窒息死亡，水体腐败变质。研究表明，对于湖泊、水库等封闭性或半封闭性水域，当水体内无机总氮含量大于 0.2 mg/L、磷酸态磷的浓度大于 0.01 mg/L 时，就有可能引起藻华现象的发生。

2. 造成地下水污染。将畜禽粪便堆放或作为粪肥施入土壤，部分氮、磷不仅随地表水或水土流失流入江河、湖泊污染地表水，且会渗入地下污染地下水。畜禽粪便污染物中有毒、有害成分进入地下水中，会使地下水溶解氧含量减少，水质中有毒成分增多，严重时使水体发黑、变臭、失去使用价值。畜禽粪便一旦污染了地下水，将极难治理恢复，造成较持久性的污染。硝酸盐如转化为致癌物质污染了地下水中的饮用水源，将严重威胁人体健康，而且受到污染的地下水通常需要 300 年才能自然恢复。密云水库平水期养猪场地下水中的硝酸盐含量为 46.8 mg/L，超标 1.34 倍，总硬度超标 0.33 倍；丰水期猪场地下水中的硝酸盐含量为 44.7 mg/L，超标 1.24 倍，总硬度超标 0.27 倍。水体中重金属含量由于畜禽粪污影响，排污口附近水体中 Cu、Zn、Cd 等含量都有明显增加。

二、对土壤环境的影响

粪污未经无害化处理直接进入土壤，粪污中的蛋白质、脂肪、糖类等有机质将被土壤微生物分解，其中含氮有机物被分解为氨、胺和硝酸盐，氨和胺可被硝化细菌氧化为亚硝酸盐和硝酸盐；糖类和脂肪、类脂等含碳有机物最终被微生物降解为 CO_2 和 H_2O，从而通过土壤得到自然净化。如果污染物排放量超过了土壤本身的自净能力，便会出现降解不完全和厌氧腐解，产生恶臭物质和亚硝酸盐等有害物质，引起土壤的组成和性状发生改变，破坏其原有的基本功能；导致土壤孔隙堵塞，造成土壤透气、透水性下降及板结，严重影响土壤质量；作物徒长、倒伏、晚熟或不熟，造成减产，甚至毒害作物使之出现大面积腐烂。此外，土壤虽对各种病原微生物有一定的自净能力，但进程较慢，且有些微生物还可生成芽孢，更增加了净化难度，故也常造成生物污染和疫病传播。

畜禽粪便养分对土壤的污染包括其氮磷养分、微量元素及粪便中残留的激素、抗生素、兽药等污染物。钙、磷、铜、铁、锌、锰等矿物质元素是动物营养所必需的，但畜禽对这些元素的吸收利用率只有 5％～15％，剩余的绝大部分通过粪便直接排出体外。长年过量施用矿物质元素含量偏高的粪肥，将导致土壤重金属累积，直接危及土壤功能，降低农作物品质。

3. 对大气环境的影响

畜禽养殖场产生的恶臭、粉尘和微生物排入大气后，可通过大气的气流扩散、稀释、氧化和光化学分解、沉降、降水溶解、地面植被和土壤吸附等作用而得到净化（自净），但当污染物排放量超过大气的自净能力时，将对人和动物造成危害。据测定，一个年产 10.8 万头的猪场，每小时可向大气排放 159 kg NH_4、14.5 kg H_2S、25.9 kg 粉尘和 15 亿个菌体，这些物质的污染半径可达 4.5～5.0 km。

（1）恶臭的影响。畜禽对蛋白质饲料的利用率较低，未消化的饲料养分以畜禽粪便形式排出。这些粪便厌氧发酵产生大量氨气和 H_2S 等臭味气体。畜禽粪便中含有 H_2S、氨等有害气体，若未及时清除或清除后不能及时处理，将会使臭味成倍增加，产生甲基硫醇、二甲二硫醚、甲硫醚、二甲胺及多种低级脂肪酸等有恶臭的气体，造成空气中含氧量相对下降，污浊度升高，轻则降低空气质量、产生异味妨碍人畜健康生存；重则引起呼吸道系统的疾病，造成人畜死亡。

（2）尘埃和微生物的影响。由畜禽养殖场排出的大量粉尘携带数量和种类众多的微生物，并为微生物提供营养和庇护，大大增强了微生物的活力和延长了其生存时间。这些尘埃和微生物可随风传播 30 km 以上，从而扩大了其污染和危害的范围。尘埃污染使大气可吸入颗粒物增加，恶化了养殖场周围大气和环境的卫生状况，使人和动物眼和呼吸道疾病发病率提高；微生物污染可引起口蹄疫和大肠埃希菌、炭疽、布氏杆菌、真菌孢子等疫病的传播，危害人和动物的健康。

（3）温室效应。畜禽粪便产生的大量 CH_4、CO_2 是重要的温室气体，CH_4 对全球气候变暖的增温贡献率达 15%，其中畜禽养殖业对 CH_4 的排放量最大。全球畜禽粪便 CH_4 年排放量为 80～130 Tg，其中我国动物粪便 CH_4 排放量占 5% 左右。

4. 对人体健康和畜牧业发展的影响

畜禽粪便没有经过及时、有效的无害化处理，将导致畜禽生长环境变劣，疾病发生率提高，从而导致大量抗生素、兽药使用，进而造成一些没有分解和排出的抗生素、兽药等残留在畜禽体内，严重影响畜禽生产性能，造成畜禽产品污染。张汉云研究表明，动物在反复接触某种抗菌药物的情况下，其体内的敏感菌将受到抑制，导致病原菌产生耐药性。消费者经常食用低剂量药物残留的食品，可对胃肠的正常菌群产生不良影响，一些敏感菌受到抑制或被杀死，菌群的生态平衡受到破坏，影响人体健康。

畜禽粪便含有大量的病原微生物、寄生虫卵及滋生的蚊蝇，会使环境中病原种类增多、菌量增大，出现病原菌和寄生虫的大量繁殖，造成人、畜传染病的蔓延。猪丹毒、副伤寒、马鼻疽、布鲁菌病、炭疽病、钩端螺旋体病和土拉菌都是水传疾病，口蹄疫、鸡新城疫也可以通过胃肠道传播。畜禽粪便中潜在的病原微生物见表 3-1。

表 3-1　　　　　　　　　　畜禽粪便中潜在的病原微生物

类别	病原种类
鸡粪	丹毒丝菌、李斯特菌、禽结核杆菌、白色念珠菌、梭菌、金黄色葡萄球菌、沙门菌、烟曲霉、鹦鹉热衣原体、鸡新城疫病毒等
猪粪	猪霍乱沙门菌、猪伤寒沙门菌、猪巴斯德菌、猪布鲁菌、铜绿假单胞菌、李斯特菌、猪丹毒丝菌、化脓棒杆菌、猪链球菌、猪瘟病毒、猪水泡病毒等
马粪	马放线杆菌、沙门菌、马棒杆菌、李斯特菌、坏死杆菌、马巴斯德菌、马腺疫链球菌、马流感病毒、马隐球酵母菌等
牛粪	魏氏梭菌、牛流产布鲁菌、铜绿假单胞菌、坏死杆菌、化脓棒杆菌、副结核分枝杆菌、金黄色葡萄球菌、无乳链球菌、牛疱疹病毒、牛放线菌、伊氏放线菌等
羊粪	羊布鲁菌、炭疽杆菌、破伤风梭菌、沙门菌、腐败梭菌、绵羊棒杆菌、羊链球菌、肠球菌、魏氏梭菌、口蹄疫病毒、羊痘病毒等

据分析，规模养殖场排放的污水中平均含大肠杆菌 33 万个/毫升、肠球菌 69 万个/毫升；沉淀池内污水中蛔虫和毛首线虫卵分别高达 193 个/升、106 个/升，在这样的环境中仔猪（鸡）成活率低、育肥猪增重慢、蛋鸡产蛋少、料肉（蛋）比增高，猪瘟、鸡瘟、猪丹毒、痢疾、皮肤病等发病率增

高。据对局部环境污染较为严重的规模化养猪场调查，其仔猪黄痢、白痢、传染性胃肠炎、支原体病及猪蛔虫病的发病率可高达50%以上，不仅影响畜禽生产力水平和经济效益，还威胁畜禽的生存条件。尤其是人畜共患病的疫情发生会给人畜带来灾难性危害。

第三节　畜禽粪便污染物防治的基本原则

一、资源化原则

畜禽粪污中富含农作物生长所需要的氮、磷等养分，因此，不应总是将其视为废弃物，如果利用得当，它也是很好的农业资源。畜禽粪污经过适当的处理后，固体部分可通过堆肥好氧发酵生产有机肥，液体部分可作为液体肥料，不仅能改良土壤和为农作物生长提供养分，而且能大大降低粪污的处理成本，缓解环保压力。因此，优先选择对养殖废弃资源进行循环利用，发展有机农业，通过种植业和养殖业的有机结合，实现农村生态效益、社会效益、经济效益的协调发展。

据专家预测，未来十年我国有机农业生产面积以及产品生产年均增长将在20%～30%，在农产品生产面积中占有1.0%～1.5%的份额，有机农产品生产对以畜禽粪便为原料的有机肥将有很大的市场需求。

需要注意的是，基于养殖污水的液体肥料，由于运输比较困难，且成本较高，提倡就近利用，因此，要求养殖场周围具有足够的农田面积，不仅如此，由于农业生产中的肥料使用具有季节性，应有足够的设施对非施肥季节的液体肥料进行贮存。对液体肥料的农业利用，要制订合理的规划并选择适当的施用技术和方法，既要避免施用不足导致农作物减产，也要避免施用过量而给地表水、地下水和土壤环境带来污染，实现养殖粪污资源化与环保效益双赢。

二、减量化原则

鉴于畜禽养殖污染源点多面广数量大的特点，在畜禽粪便污染治理上，要特别强调减量化优先原则，即通过养殖结构调整及开展清洁生产减少畜禽粪污的产生量。通过降低日粮中营养物质（主要是氮和磷）的浓度、提高日粮中营养物质的消化利用、减少或禁止使用有害添加物以及科学合理的饲养管理措施，减少畜禽排泄物中氮、磷养分及重金属的含量。例如，目前多数饲料的蛋白质含量都大大超过猪的需要量，将日粮蛋白质含量从 18％降到 16％，将使育肥猪的氮排泄量减少 15％，荷兰商品化的微生物植酸酶添加后，可使猪对磷的消化率提高 23％～30％。在各国的饲养标准中铜仅为 3～8 mg/kg，但饲料中添加 125～250 mg/kg 铜对猪有很好的促生长作用。由于目前主要是以无机形式作为铜源，它在消化道内吸收率低。一般成年动物对日粮铜的吸收率小于 10％，幼龄动物不高于 30％，高剂量时的吸收率更低。为了减少高铜添加剂的使用，目前可以考虑使用有机微量元素产品，如蛋氨酸锌和赖氨酸铜等，按照相应需要量的一半配制日粮，生长猪的生长性能并不降低，且粪铜、锌排泄量可减少 30％左右，或使用卵黄抗体添加剂、益生素、寡糖、酸化剂等替代添加剂。

从养殖场生产工艺上改进，采用用水量少的干清粪工艺，以减少污染物的排放量，降低污水中的污染物浓度，降低处理难度及处理成本。畜禽粪便的含水量约为 85％，现代化养猪（牛）场，运用机械化清粪工艺，进入集粪池的粪尿含水率大于 95％。因此可以用多种途径，如干湿分离、雨污分离、饮排分离等科学手段和方法，减少粪便污水的数量及利用，以利于在此基础上实施资源再生利用。

三、生态化原则

解决畜禽养殖业污染的根本出路是确立可持续发展的思想，发展生态型畜牧业，即将整个畜禽养殖业纳入大农业、整体农业的生产体系，以促进城市郊区和农村整个种植业、养殖业的平衡及其良性循环。

畜禽养殖业要充分利用自然生态系统，在饲养规模上以地控畜，合理布局，让畜牧业回归大农业，并使之与种植业紧密结合，以畜禽粪便肥养土地，以农养牧，以牧促农，实现系统生态平衡。尤其在绿色食品、有机农业呼声日益高涨的今天，加强农牧结合，不仅可减轻畜禽粪便对环境的污染，还可提高土壤有机质含量，提高土壤肥力，进而提高农产品质量，实现农业可持续发展，获得较高效益，真正实现种、养生态平衡。

四、无害化原则

畜禽粪便污染的治理不管运用什么手段，不管其最终走向何处，都有一个大原则要遵循，即其处理手段、过程、最终质量标准，都必须符合"无害化"的要求。

因为畜禽粪便中含有大量的病原体，会给人畜带来潜在的危害。故在利用或排放之前必须进行无害化处理并达到无害化标准，使其在利用时不会对牲畜的健康生长产生不良影响，不会对作物产生不利的因素，排放的污水和粪便不会对人的饮用水构成危害。

实现畜禽粪便污染治理无害化的目标，必须全面推广畜禽废弃物治理的最新技术，严格控制畜禽养殖业污染源，并注意以防治水环境污染为主，兼顾空气污染和土壤污染防治。达此标准，需强调达标排放，严格执法，充分运用行政、经济、法律、科技和教育的手段，确保治污效果，以促进都市型现代农业的高效、优质和生态化发展。

第四章　畜禽粪便污染物的减量排放控制技术

第一节　设施技术

畜禽养殖场是集中饲养畜禽和组织畜禽生产的场所，是畜禽的重要外界环境条件之一。为了有效地组织畜禽场的生产，必须根据农、林、牧全面发展、相互结合、节约耕地、有利于畜禽健康和提高生产力等原则，进行综合规划，应正确选择场地，并在其上按最佳的生产联系和卫生要求等配置有关建筑物，对于合理利用自然和社会经济条件、最有效地进行畜禽业生产、保证良好的兽医卫生条件、合理利用土地以及促进生态平衡均有重要的意义。因此，畜禽场的设置，要从场址选择、场内规划布局、场区公共卫生防护设施等方面进行考虑，尽量做到完善合理。

适度规模、合理规划是防止畜禽粪便污染的重要途径。一方面小规模分散饲养不仅不利于提高经济效益，而且使污染的面扩大而难以治理；另一方面畜禽场的选址应总体规划，在人口稠密区和环境敏感区应严格限制发展畜禽场，对已有的畜禽场应加强污染治理，并逐步进行搬迁。如英国是个基本无畜产公害的国家，虽然其人口和工业比较集中，但畜牧业远离大城市，与农业生产紧密结合，经过处理后的畜禽粪便全部作为肥料，既避免了环境污染又增加了土壤肥力。

一、科学选址建场

养殖场合理规划和选址是解决畜禽污染的根本所在。养殖场要逐步从近郊向远郊、山区转移；禁止在水源保护区、风景名胜区等区域内建设畜禽养殖场；新建养殖场应选建在周围有足够的农田、鱼塘、果园、苗圃等地区，以便农牧结合，实现粪便就地处理和利用（图 4-1）。

图 4-1　某生猪养殖场

在选择畜禽场的场址时，应根据其经营方式、生产特点、饲养管理方式以及生产集约化程度等基本特点，对地势、地形、土质、水源，以及居民点的配置、交通、电力、物资供应等条件进行全面考虑。

1. 对于新建的畜禽场应当选择地势高燥、远离沼泽的地方，其地下水位应在 2 m 以下，这样的地势，可以避免雨季洪水的威胁和减少因土壤毛细管水上升而造成的地面潮湿，且应符合环境保护的要求，符合当地土地利用发展规划和村镇建设发展规划的要求，不能在规定的禁养区内选址。

2. 场址以选择在沙壤土类地区较为理想，水量充足、水质良好，便于防护，以保证水源水质经常处于良好状态，不受周围环境的污染，且取用方便。还应特别重视供电条件，为了保证生产的正常进行，减少供电投资，应靠近输电线路，以尽量缩短新线敷设距离，并应有备用电源。

3. 场址地势要向阳避风，以保持场内小气候温热状况能够相对稳定，减少冬春风雪的侵袭，特别是避开西北方向的山口和长形谷地。

4. 场址地面要平坦而稍有坡度，以便排水，防止积水和泥泞。地面坡度以 1°～3°较为理想，最大不得超过 25°。坡度过大，建筑施工不便，且会因为雨水的长年冲刷而使场区坎坷不平。

5. 场址地形要开阔整齐。场地不要过于狭长或边角太多，因为场地狭长会影响建筑物的合理布局，拉长了生产作业线，同时也使场区的卫生防疫和生产联系不便，而边角太多则会增加场区防护设施的投资。

6. 场址要求交通便利，但为了防疫卫生，场界距离干线不少于 500 m，距居民区和其他畜禽饲养场不少于 1000 m，距离畜产品加工厂不少于 1000 m。场址应根据当地常年主导风向，位于居民区及公共建筑群的下风向或侧风向处。

7. 场区的面积要根据饲养畜禽的种类、饲养管理方式、集约化程度、饲料供应情况等因素确定，还应根据发展留有余地，且应考虑职工生活福利区所需的面积。

为了控制畜禽粪便过量施用导致氮、磷等污染物污染地下水和土壤，许多国家都制定了相应的法规来控制养殖规模。一般情况下，发达国家对畜禽养殖负荷的控制有两种方法：一种是限制养殖规模（头或只数），另一种是限制单位土地面积的施肥量。

如英国的经验是限制办大型的畜牧场，一个畜牧生产场的家畜最高头数限制指标为：奶牛 200 头、肉牛 1000 头、种猪 500 头、肥猪 3000 头、绵羊 1000 只、蛋鸡 70000 只。

单位土地施用量的限制包括每公顷土地施用的畜禽粪便量和施肥方式以及氮、磷含量等。如意大利规定每公顷耕地上可施用畜禽粪便最多为 4 t；丹麦规定对奶牛粪便最大用量不超过每公顷 2.5 头奶牛的粪便，且粪便施入农田后应立即混合到土内，裸露时间不得超过 12 小时，并且不得在冻土上施粪。德国对氮的控制是每公顷 240 kg；而法国规定氮、磷施用量分别不能超过每公顷 150 kg 和 100 kg。

因此，对筹建规模化养殖场的企业，应要求其准备消纳粪便和污水的土地，并根据场区土地的畜禽粪便消纳能力，确定新建畜禽养殖场的养殖规模。对于无相应消纳土地的养殖场，要求必须准备相应处理能力的粪便和污水处理设施。

8. 场地应充分利用自然地形地物，如利用原有的林带树木、山岭、沟谷等作为场界的天然屏障；场址周边应有就地消纳畜禽粪污的农田、果园、菜园和花卉种植园或具备排污条件，或者设有粪污集中处理场，以利于对环境的防护和减少对周围的污染（图 4-2）。

图 4-2　防疫屏障良好的原种猪场

下列区域为禁养区：①生活饮用水的水源保护区、风景名胜区，以及自然保护区的核心区和缓冲区；②城镇居民区，包括文化教育科学研究区、医疗区、商业区、工业区、游览区等人口集中区域；③县级人民政府依法划定的禁养区域；④法律、法规规定需特殊保护的其他区域。

二、场区合理布局

根据生产功能，畜禽场可以分成若干区，其分区是否合理、各区建筑物布局是否得当，不仅直接影响基建投资、经营管理、生产的组织、劳动生产率和经济效益，而且影响场区小气候状况和兽医卫生水平。因此，在所选定的场地上进行分区规划与确定各区建筑物的合理布局，是建立良好的畜禽场环境和组织高效率生产的基础工作和可靠保证。

1. 畜禽场内通常划分为生产区（包括畜禽舍，饲料贮存、加工、调制的建筑物等）、管理区（包括与经营管理有关的建筑物，畜禽产品加工、贮存和农副产品加工的建筑物以及职工生活福利的建筑物与设施等）、病畜禽管理区（包括兽医室、隔离舍等）和粪污贮存处理区，要设有粪污转运专用道（图4-3）。

图4-3 某规模猪场场内布局

2. 粪污处理区应设在畜禽场常年主导风向的下风向或侧风向处，与主要生产设施保持一定距离，并建有绿化隔离带或隔离墙，实行相对封闭式管理。处理区与生产区之间应设有专用通道，并设专用门与畜禽场外相通。

3. 畜禽场内应设有清洁道和污染道。清洁道供人员行走和运送饲料，污染道供运输粪便和死畜禽。清洁道与污染道避免交叉，道路走向一般与建筑物长轴垂直。

4. 清洁道作为畜禽场主干道，宜用水泥混凝土路面，也可用平整石块或条石路面，其宽度应能保证顺利错车，为5.5～6.5 m。支干道与畜禽舍、饲料库、产品库、兽医建筑物、粪污处理区等连接，宽度一般为2～3.5 m。在卫生方面要求运送饲料、畜禽产品的道路不与运送粪污的道路通用或交叉。兽医建筑物须有单独的道路，不与其他道路通用或交叉。

5. 畜禽场应有一定空间的绿化面积，建立绿化带，改善畜禽场的小气候，减少环境污染。

三、配套防污设施

畜禽养殖生产的污染物包括固体废物（粪便、病死畜禽尸体）、水污染物（养殖场废水）和大气污染物（恶臭气体），其中养殖废水和粪便是主要污染物，具有产生量大、来源复杂等特点，其产生量、性质与畜禽养殖种类、养殖方式、养殖规模、生产工艺、饲养管理水平、气候条件等有关。

畜禽场产生的污染物若不处理或是处理不当，不仅会危害畜禽本身，也会污染周围环境，甚至成为公害。因此，在建造畜禽场时，应配套一系列的卫生防护、防污设施，以确保场区内的环境整洁、空气清新、水质清洁。

1. 消毒池

在畜禽场大门口和人员进入的通道口，分别修建供车辆和人员进行消毒的消毒池，以对进入车辆和人员进行常规消毒。车辆用消毒池的宽度以略大于车轮间距即可。参考尺寸为长 3.8 m、宽 3 m、深 0.1 m。池底低于路面，坚固耐用，不透水。在池上设置棚盖，以防止降水时稀释药液，并设排水孔以便换液。供人用消毒池，采用踏脚垫浸湿药液放入池内进行消毒，参考尺寸为长 2.8 m、宽 1.4 m、深 0.1 m（图 4-4）。

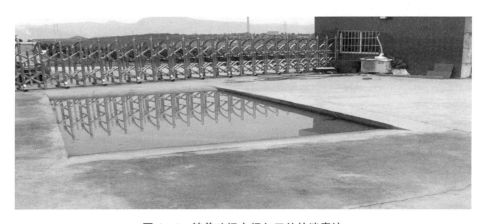

图 4-4　某养殖场大门入口处的消毒池

2. 污水分离沉淀池

污水中的固形物一般只占 1/6～1/5，将这些固形物分出后，一般能成堆，便于贮存，可作堆肥处理。

污水分离沉淀池是建在畜禽场粪尿处理区的重要设施。分为大小不同的 2～3 个池，对污水进行一级和二级处理，其大小可根据畜禽场的规模来定（图 4-5）。

图 4-5 某养殖场的污水沉淀池

3. 粪池和复合肥加工场

粪尿从畜禽舍运来后在粪池中发酵，以增加肥力和杀死病原体。可根据畜禽场的规模和数量修建若干个粪池和足够面积的粪晾晒场地。

复合肥加工场主要是采用腐熟堆肥法对畜禽场的粪尿进行处理，即利用好气性微生物分解畜禽粪便与垫草等固体有机废弃物，这种方法具有能杀菌、杀寄生虫卵，并能使土壤直接得到一种腐殖质类肥料等优点（图 4-6）。

图 4-6　某规模养殖场的粪肥加工车间

4. 沼气池

沼气池是有机物质通过微生物厌氧消化作用，人工制取沼气的装置。因地制宜砌块建池或整体建池。目前普遍推广水压式沼气池，这种沼气池具有受力合理、结构简单、施工方便、适应性强、就地取材、成本较低等优点，使畜禽场的粪尿、杂草入池堆沤产气，料底做肥料，科学使用沼气，减少浪费，提高热能利用率。

厌氧沼气池的原理是在缺氧条件下，微生物（主要为产甲烷生物）将有机物转化为无臭气体（甲烷和二氧化碳）。产甲烷生物是一组以产生甲烷产物为主的厌氧细菌，其生长温度在 20 ℃～75 ℃。沼气池的厌氧处理过程能否发挥好，主要取决于产甲烷的微生物活性，而主要影响其活性的因素为沼气池温度。在厌氧沼气运行中，温度依据季节的不同通常在 10 ℃～20 ℃范围内，因此实际上产甲烷效率并不高。这样不仅会导致有臭味脂肪酸的集聚和臭气的产生，同时也会使粪便滞留时间延长，沼气池更容易超负荷。因此，有必要从臭气控制角度重新审视处理和储存粪便厌氧沼气池的应用。

沼气法具有生物多功能性，既能营造良好的生态环境、治理环境污染，又能开发新能源，为农户提供优质无害的肥料，从而取得综合利用的效益（图 4 - 7）。其在净化生态环境方面具有三个优点：第一，沼气净化技术使污水中的不溶有机物变为溶解性有机物，实现无害化生产，从而达到净化环境的目的；第二，沼气的用途广泛，除用作生活燃料外，还可供生产用能；第三，沼气作为开发出来的新能源，能够积极参与生态农业中物质和能量的转化，以实现生物质能的多层次循环利用，并为系统能量的合理流动提供条件，保证生态农业系统内能量的逐步积累，增强了生态系统的稳定性。

图 4 - 7　某养殖场的沼气池

5. 干燥池

禽舍最好能建一个干燥池，利用猪、牛粪、鸡粪作为饲料，这是由于这两种家畜的消化能力强，而且它们的粪与尿分别排泄，非蛋白氮从尿液排出体外，粪中蛋白质的含量很低。若利用人工高温将湿鸡粪加热，使水分迅速减少，可更好地保存鸡粪中的营养物，亦便于储存。据试验研究，在 200 ℃左右干燥鸡粪时，能杀死所有的病原微生物，也能破坏除卡那霉素以外的所有其他抗菌物质。因此，用干鸡粪做饲料，在预防疾病与控制传染上，比较安全。

使用新鲜鸡粪直接饲喂乳牛和肉牛，效果也很好，但必须注意防止垫草中的农药残留和因粪便处理不好而造成的传染病。

6. 氧化池

氧化池是一种采用水冲除粪时对猪粪加以利用的池子，即收集猪粪利用好氧微生物发酵，分解猪粪的固形物产生单细胞蛋白，并减少臭气。

氧化池设于猪舍漏缝地板下或舍外一侧。池为长圆形，池内安装搅拌器，其中轴安装的位置略高于氧化池液面，搅拌器不断旋转，其作用是：使漏下的固体粪便加速分离，使分离的粒子悬浮于池液中，同时向池液供氧，并使池内的混合液沿池壁循环流动，使氧化池内有机物充分利用好气性微生物发酵，以使猪粪的生物学价值大为提高，其氨基酸含量提高 1～2 倍，同时富含钙、磷和各种微量元素。

第二节　饲养技术

随着我国动物养殖规模的不断扩大和养殖水平的不断提高，在动物疾病的预防和控制中，免疫和药物的使用越来越受到重视，但经过 20 多年的实践证明，在国内复杂的环境中，传染性病原愈演愈烈，其重要原因之一是畜禽养殖场忽视了生物安全体系的建立。生物安全体系是一种以切断传播途径为主的包括饲养方式和管理在内的预防疾病发生的良好生产管理体系。在生物安全体系中，饲料和饮水的控制至关重要。

一、改进饲料配方

畜牧业的污染主要来自畜禽粪便和臭气排出以及食品中有毒有害物质的残留，其根源却在饲料。饲料被动物摄入后，各种营养成分不可能完全被动物吸收和利用，没有被吸收的成分将随粪便排出。动物对各成分的利用率越高，则排泄物中的营养含量就越低，对环境的污染就越少。同时，也可节省饲料，减少对各种资源的消耗，降低养殖成本。因此，饲料可作为畜禽排泄物污染的主要源头，同时也是作为控制畜牧场污染的重要源头，饲料配方的设计要尽可能地本着污染少、成本低、饲料回报率高的原则，最大限度地提高畜禽对营养物质的消化和利用，以减少粪尿的排泄量，减少污染。

目前世界先进水平的肉猪料肉比为 2.4：1，我国目前只有少数达到2.5：1。通过科学配料、饲养，使用高效促生长添加剂和采用高新技术改变饲料品质，采用氨基酸平衡及理想蛋白原理，应用现代生物工程技术酶制剂、活菌制剂以及"生态营养"技术，提高畜禽肉料比，减少氮、磷等养分的食入量并提高其利用率，可以从总体上减少排泄，特别是减少氮、磷的排泄，从源头控制排放量。

为此应科学配制饲料配方，提高畜禽饲料利用率，尤其是提高饲料中氮的利用率，降低粪便中氮污染，是消除畜牧业环境污染的"治本"之举。为了达到这一目的，一方面要培育优良品种，科学饲养、科学配料，应用高效促生长添加剂和利用新技术改变饲料品质，控制畜禽氮、磷、钾的排放量，减少粪便发酵中氨与硫化氢的挥发，减轻氮素损失与粪便的恶臭；另一方面要根据生态营养原理，开发环保饲料，这样才能收到良好的效果。随着生物技术和基因工程的迅速发展，酶制剂、益生素、寡糖、核苷酸饲料添加剂在饲料中的应用也越来越多，其在促进动物生产性能的同时也降低了养殖业对环境的污染。

1. 选购符合生产绿色畜禽产品要求和消化率高的饲料原料

有什么样的饲料原料，就产生什么样的饲料产品。为使生产的饲料达到消化率高、增重快、排泄少、污染少、无公害的目的，在选购饲料原料时一是要注意选购消化率高、营养变异小的原料。据测定，选用高消化率饲料至少可减少粪中 5％氮的排出量；二是要注意选择有毒有害成分低、安全性高的原料。

2. 尽可能准确估测动物对营养的需要量和营养物质的利用率

设计配制出营养水平与动物生理需要基本一致的日粮，是减少营养浪费的关键。而要设计配制出与生理需要量基本相一致的日粮，就要准确地估测动物在不同生理阶段、不同环境日粮配制类型等条件的营养需要量和对养分的消化利用率。所以，配制生态营养饲料的前提是有优质的原料，核心是准确估测动物对营养的需要量和所用原料的消化率。

3. 按照理想蛋白质模式配制低蛋白质日粮

蛋白质营养价值的高低不仅是蛋白含量的高低，更重要的是要考虑蛋白质中氨基酸的平衡性能否满足生产的需要，而理想蛋白质模式正是基于这样的一种研究。在生产实践中常以赖氨酸作为第一限制性氨基酸，以其需要量为 100％，其他氨基酸则按其在体组织蛋白中与赖氨酸的比例来配合，调节氨基酸之间的平衡。

按照理想蛋白质模式，可以适当降低饲料粗蛋白质水平而不影响动物的生产性能，这样既可以节省蛋白质饲料资源，又可以减少氮对环境的污染。据统计，通过理想模型计算出的日粮粗蛋白质水平每下降一个百分点，粪便中 NH_3 的排放量就降低 10％～12.5％；当日粮粗蛋白质水平降低 2～4 个百分点时，氮的排出量可降低 38.9％～49.7％。同时，粪污的恶臭主要为蛋白质的腐败所产生，如果提高日粮中的蛋白质的全价性并合理减少蛋白质的供给量，那么恶臭物质的产生也将会大大减少。产蛋高峰期蛋鸡添加氨基酸实现氨基酸平衡后将日粮粗蛋白质由 17％降低至 15％，粪氮含量也下降 50％。减少日粮中的蛋白质虽然可以显著降低排泄物中的氮及畜禽舍臭味，但生产性能却无法与高蛋白水平的日粮相比，并且添加合成氨基酸对蛋白质的降低并不是无限的，过度降低日粮粗蛋白含量，畜禽的生长性能会因氨基酸的需要得不到满足而受到影响。因而，只有提高氨基酸的利用率，在满足氨基酸需要的情况下降低日粮粗蛋白质才有助于降低氮的排泄，达到保护环境的目的。

4. 不使用高铜高锌日粮，并适量添加粗纤维高铜高锌日粮对动物，尤其是猪具有显著的促生长和防腹泻等效果，被广泛应用于生产中。但由于长期使用高剂量的铜和锌，大量没被动物机体消化吸收利用的铜、锌随粪便排出体外，对生态环境是一种潜在的污染，是一种以牺牲环境质量为代价换取生产一时发展的做法。因此，生态营养饲料中不提倡添加高铜和高锌。

饲料中添加适量的粗纤维也可减少尿中的尿素浓度。研究表明，日粮中非淀粉多糖（NSP）如木薯粉、甜菜渣等含量较高时，一部分排泄物中的氮可从尿中的尿素转化为粪中的细菌蛋白，为大肠微生物提供生长所需的营养，从而减少血液中的尿素含量，当尿素转移到大肠时，会被细菌尿素酶转化成氨，用于微生物蛋白质的合成，从而减少排泄物中氨的排放，NSP能减少猪尿中氨的浓度，然而 NSP 能否降低猪排泄物中恶臭化合物的浓度仍不清楚。

5. 配制低磷日粮

饲料中磷的含量往往高于畜禽的实际需要量，畜禽吸收利用率很低，大部分排出体外，对环境造成了污染。低磷日粮在不影响猪磷营养需要的条件下，能有效地改善猪排泄物中磷对环境的污染，具有极大的经济和生态效益。

6. 通过营养调控降低氮和磷的排泄量

畜禽日粮中氮和磷的吸收率只有 30%～35%，因此，要降低氮和磷对环境的污染，就必须提高氮和磷的利用率。科学技术的进步，特别是生物技术的迅速发展，使环保饲料的研究开发成为可能。目前，环保型饲料开发研究通过生物活性物质和合成氨基酸的添加来降低动物氮和磷的排泄量。饲料中应用生物活性物质可有效地提高饲料的品质及养分的利用率、降低畜禽排泄物中氮和磷的含量、减少排泄物的数量。饲料中添加合成氨基酸能更好地使氨基酸平衡，借此降低饲料中粗蛋白质的含量，避免营养性氮源的浪费，降低动物排泄物中的氮含量。

7. 通过营养调控降低微量元素的排泄量

近年来，为达到提高动物生产性能的目的，在饲料中大量使用某些微量元素、抗生素及其他药物和添加剂，增加了污染物的种类，提高了动物排泄物中污染物的浓度，由此造成对人类生存环境的污染、危害，并可能对人体产生毒副作用。降低微量元素排泄量的途径是在考虑各种饲料原料中微量元素含量的前提下，用有机微量元素取代无机微量元素。

8. 合理选用环保饲料添加剂

（1）微生态制剂

微生态制剂是根据微生态学原理，选用动物体内的正常微生物，经特殊加工工艺制成的活菌制剂。它能够在数量或种类上补充肠道内减少或缺乏的正常微生物，调整并维持肠道内正常的微生态平衡，增强机体免疫功能，促进营养物质的消化吸收，从而达到增强机体免疫力、改善饲料转化率和畜禽生产性能的目的。微生态制剂具有无毒副作用、无耐药性、无残留的优点，成本低、效果好。目前的微生态制剂菌种的种类主要有：乳酸杆菌、芽孢杆菌、粪链球菌、双歧杆菌、酵母菌等。

在正常动物肠道内稳定定植了四百多种不同细菌类型，总数可达 10^{14} 个微生物。这些定植的微生物群落之间以及微生物与宿主之间在动物的不同发育阶段，均建立了动态的平衡关系，这种平衡关系是动物健康的基础。在外界不良因素的作用下，肠道微生物及其与宿主之间的平衡关系一旦被打破，动物的健康就失去了保障，进而表现出病理变化。导致微生态失衡的外界不良因素包括：引入抗生素、激素、免疫疗法、细胞毒性药物及动物应激等。根据微生态环境的动态规律，人们可以采用多种措施来维持或恢复微生态平衡，微生态制剂的应用就属于这些措施之一。

①微生态制剂的菌种选择

我国 1996 年公布了 6 种益生菌即乳酸杆菌、粪肠球菌、双歧杆菌、酵母菌、DM423 蜡状芽孢杆菌、SA38 蜡状芽孢杆菌等用于生物兽药的生产。我国农业农村部于 1999 年第 105 号公告公布的允许使用的饲料添加剂品种目录中，饲料级微生物添加剂有 12 种，可直接饲喂动物，用于益生菌剂（微生态制剂、微生态调节剂）的生产（表 4-1）。

表 4-1　　　　农业农村部第 105 号公告公布的饲料级微生物添加剂

中文名称	中文名称	中文名称	中文名称
干酪乳杆菌	纳豆芽孢杆菌	屎链球菌	啤酒酵母菌
植物乳杆菌	嗜酸乳杆菌	乳酸片球菌	产朊假丝酵母菌
粪链球菌	乳链球菌	枯草芽孢杆菌	沼泽红假单胞菌

1989 年美国 FAD 和美国饲料控制官员协会批准作为直接饲喂且一般认为是安全的微生物已有 43 种，其中乳酸菌 28 种（包括乳杆菌 12 种、双歧杆菌 6 种、链球菌 6 种、片球菌 3 种、明珠球菌 1 种），芽孢杆菌 5 种，拟杆菌 4 种，曲霉 2 种，酵母菌 2 种等。

②微生态制剂的主要作用。一是维持和恢复肠道微生态体系平衡。好氧芽孢杆菌等好氧菌进入动物胃肠道，在生长繁殖过程中消耗肠内过量的气体，造成厌氧状态，利于厌氧菌繁殖，使肠内失去平衡的菌群恢复平衡，达到防治疾病的目的。有研究表明，给下痢仔猪连续三天口服地衣芽孢杆菌后，肠内需氧菌与厌氧菌之间的比例由下痢时的 1∶1 恢复到正常时的 1∶1000；厌氧菌中的双歧杆菌、乳酸杆菌显著增加，而大肠埃希菌、沙门氏菌显著减少。二是抑制致病微生物的繁衍。比如，芽孢杆菌对猪大肠埃希菌、猪霍乱沙门菌、鸡大肠埃希菌、鸡白痢沙门菌有拮抗作用。三是减少疾病以及氨、胺等有害物质的产生。实验证明，给母猪饲喂有益微生物后，能显著地降低肠道中大肠埃希菌、沙门菌的数量，使机体肠道内的有益微生物增加而潜在的病原微生物减少，因而，排泄物、分泌物中的有益微生物数量增加，致病微生物减少，从而净化了体内外环境，减少疾病发生。乳酸菌在肠道内生长繁殖能产生有机酸、过氧化氢、细菌素等抑菌物质，可抑制肠道内腐败细菌的生长，降低脲酶的活性，进而减少氨、胺等有害物质的产生。四是增强动物机体的免疫功能，抵御感染。有益微生物能促进动物肠道相关淋巴组织处于高度反应的"准备状态"，普通动物与无菌动物相比，普通动物肠黏膜基底层细胞增加，出现淋巴细胞、组

织细胞、巨噬细胞和浆细胞浸润，细胞吞噬功能增强，机体免疫功能特别是局部免疫功能增强，分泌型 IgG 的分泌增加，从而有效抵御感染。五是为动物生长繁殖提供必要的营养物质。芽孢杆菌在动物肠道内生长繁殖可产生较高含量的 B 族维生素、维生素 C、维生素 K、β 胡萝卜素等代谢产物，同时还产生乳酸、乙酸、丙酸、丁酸等有机酸，不仅为动物的正常生长繁殖和生产提供营养，而且还有杀灭或抑制病原微生物、减少疾病等保健作用。六是提高消化酶活性。研究表明，枯草芽孢杆菌和地衣芽孢杆菌可以产生较强活性的蛋白酶、淀粉酶和脂肪酶，同时还产生可以降解植物饲料中复杂碳水化合物的酶。

③微生态制剂的适用对象和使用阶段。不同的动物适合使用不同类型的菌种，反刍动物适合使用曲霉、酵母菌及芽孢杆菌类，若给反刍动物使用过多的乳酸菌，反而会扰乱其消化系统，引起不良反应。而单胃动物适合使用乳酸菌、芽孢杆菌、酵母菌，这三种类型的菌在单胃动物消化道内都能起到良好效果。

微生态制剂在动物的不同发育阶段使用效果不一样，总的来说，在动物幼龄、老龄、离乳、热应激、冷应激、粗饲、病后初愈及消化道疾病等时期使用，均能取得良好效果，然而在实际饲养中有些因素是不可预见的，如应激、消化道疾病等。因此，需要经常地在动物饲料或环境中添加微生态制剂，使用原则是幼龄如乳猪、仔鸡、仔鸭、羔羊、牛犊等，老龄如母猪、产蛋鸡、产蛋鸭等，添加量应大于中青年时期。环境恶劣时也需要加大添加量。而水产动物则在各个时期都应添加微生态制剂。

④微生态制剂的适宜添加量。微生态制剂的添加量并不是越多越好，其使用量依菌种生产工艺及使用对象不同而不同。每一种微生态制剂产品都需要通过大量的饲养实验来确定最适添加剂量。对于复合型的微生态制剂不能简单地按总菌数来换算，因为不同菌的生长速度和抗逆性不一样。一般按厂家建议的添加量进行添加即可。芽孢杆菌类在猪饲料中每头每天能采食到菌数在 $2 \times 10^8 \sim 6 \times 10^8$ 个较合适，鸡鸭类每只每天采食 $1 \times 10^8 \sim 4 \times 10^8$ 个较合

适，牛、羊类每头每天采食 $1 \times 10^8 \sim 5 \times 10^8$ 个较合适。考虑到饲料加工过程中的损失，可以按此标准添加量上浮 $50\% \sim 100\%$。酵母菌类在猪饲料中每头每天采食量以 $5 \times 10^8 \sim 8 \times 10^8$ 个为宜，鸡、鸭类为 $3 \times 10^8 \sim 8 \times 10^8$ 个，乳酸类主要用于乳猪，几乎没有用量限制，其使用量主要受制于成本。

（2）饲用微生物酶制剂

饲用微生物酶制剂作为一类高效、无毒副作用和环保的"绿色"饲料添加剂在畜禽养殖业中具有广阔的应用前景，正在逐步替代常用药物类添加剂，实现添加剂"绿色化"。实现畜产品"绿色化"的核心问题是少用或不用抗生素等药物类添加剂，饲用微生物酶制剂效能特点有：第一，补充动物内源酶的不足，提高饲料报酬；第二，分解植物细胞壁，促进营养物质的消化吸收；第三，消除饲料中的抗营养因子，提高饲料转化率；第四，增强动物的抗病能力，提高畜禽成活率；第五，降低氮、磷的排泄量，减少环境污染。

①饲用微生物酶制剂的种类。饲用微生物酶按饲料存在的酶反应的底物，可对其进行分类（表4-2）。饲料原料中的抗营养因子及难于消化的成分较多（表4-3）。

表4-2   饲用微生物酶的分类

饲料存在的作用底物	相应酶的种类	饲料存在的作用底物	相应酶的种类
蛋白质（植物或动物及其羽毛、蹄）	蛋白酶	纤维素	纤维素酶、纤维二糖酶
淀粉	淀粉酶	β-葡聚糖	β-葡聚糖酶
脂肪	脂肪酶	木聚糖或阿拉伯木聚糖	木聚糖酶
植酸盐	植酸酶	甘露糖	甘露糖酶
木质素	木质素酶	果胶	果胶酶
单宁	单宁酶	α-半乳糖杂多糖	α-半乳糖苷酶

表 4-3　　　　　几种饲料原料中的抗营养因子或难于消化的成分

饲料原料	抗营养因子或难于消化的成分	饲料原料	抗营养因子或难于消化的成分
小麦	β-葡聚糖、阿拉伯木聚糖、植酸盐	菜籽粕	单宁、芥子酸、硫代葡萄糖苷
黑麦	阿拉伯木聚糖、β-葡聚糖、植酸盐	羽毛	角蛋白
麸皮	阿拉伯木聚糖、β-葡聚糖、植酸盐	燕麦	β-葡聚糖、阿拉伯木聚糖、植酸盐
高粱	阿拉伯木聚糖、植酸盐单宁	早稻	木聚糖、纤维素
米糠	木聚糖、纤维素、果胶、果胶类似物	青贮饲料、秸秆	木聚糖、纤维素、果胶
豆粕	蛋白酶抑制因子、果胶、果胶类似物、α-半乳糖苷低聚糖		

由表 4-3 可知，饲料中的抗营养因子是植酸盐和非淀粉多糖，包括阿拉伯木聚糖、β-葡聚糖、纤维素、果胶，而消除这些抗营养的酶制剂是植酸酶、β-葡聚糖酶、果胶酶、α-半乳糖苷低聚糖。而对于早期幼小畜禽来讲主要是其内源酶分泌不足。一般在常规日粮饲料中常添加淀粉酶、蛋白酶为主的复合酶，以促进营养物质的消化吸收，消除营养不良和减少腹泻的发生。

②饲用微生物酶的应用

饲用植酸酶的应用。植物性饲料中 60% 的磷以植酸盐的形式存在，难以被单胃动物利用而随粪便排出，污染环境。据统计，美国每年从畜禽粪便中排出的磷就达到 200 万吨，单胃动物养殖量最大的中国更是高达 250 万吨以上，是水体富营养化污染的罪魁祸首之一。而且植酸盐中的磷通过螯合作用，降低动物对 Zn、Mn、Ca、Cu、Fe、Mg 等微量元素的利用，还可通过蛋白质结合，形成复合体而降低动物对蛋白质的消化吸收。研究表明，畜、禽日粮添加植酸酶可提高植酸磷的利用率，取代或减少无机磷酸盐的添加，同时减轻因磷酸盐含氟量高而产生的中毒。同时，使磷的排放量大幅度降低，蛋白质、矿物质的消化率亦提高，对于因磷污染环境而制约家禽、家畜饲养业发展的国家，饲料中添加植酸酶具有特别重要的意义。

蛋白酶、淀粉酶、脂肪酶的应用。蛋白酶的作用是将组成蛋白质的大分子多肽水解成寡肽或氨基酸，淀粉酶的作用是将大分子淀粉水解成寡糖、极限糊浆和葡萄糖。脂肪酶的作用是将天然油脂分解，最终产物为单酸甘油脂、脂肪酸。研究表明，仔猪胃肠道的消化酶活性随着年龄增长而增长，但断奶对消化酶的活性增长趋势有倒退的影响，在第 4 周至断奶后 1 周内各种消化酶活性降低到断奶前水平的 1/3。这时的肠道消化生理功能不适应高淀粉、高蛋白的饲料日粮，引起胃肠功能紊乱，易诱发腹泻发生，同时脂肪酶活性低也是诱发腹泻的原因之一，如果在仔猪饲料日粮中加入外源性淀粉酶、蛋白酶、脂肪酶来补充内源性酶分泌不足，可以改善消化，减轻腹泻。

非淀粉多糖酶的应用。在非常规植物性饲料中存在大量的非淀粉多糖，β-葡聚糖酶、木聚糖酶和果胶酶，能水解水溶性 β-葡聚糖、木聚糖和果胶，能有效降低动物肠道中食糜黏度，有利于内源消化液充分和食糜混合，充分消化，利于营养物质的吸收以及提高饲料的利用率，降低料重比。在以大麦为基础的日粮中加 β-葡聚糖酶后，肉鸡增重可提高 46%，脂肪消化率提高 19.3%。大量试验表明，日粮添加高比例的小麦，同时加木聚糖酶，肉鸡的表观代谢能、增重、饲料转化率、蛋白质消化率、脂肪消化率及粪便均得到改善。与玉米相比，其生长或饲料转化率与玉米日粮相同，甚至超过玉米日粮。南京农业大学用米糠在肉鸡上做试验，在米糠日粮中添加以木聚糖为主的粗酶制剂，其日增重可提高 11.1%，为米糠类饲料的利用开辟了有效途径。

（3）低聚糖

低聚糖亦称寡糖，是指由 2～10 个单糖经脱水缩合以糖苷键连接形成的具有支链或直链的低度聚合糖类的总称，具有低热值、甜味、稳定、安全无毒、黏度大、吸湿性强、不被消化道吸收等良好的理化性质。低聚糖是食品和饲料原料中的一种天然成分，以不同形式存在于植物中（如大豆、洋葱、酵母和菊芋）。目前作为饲料添加剂的低聚糖主要有低聚果糖、半乳聚糖、甘露蜜糖、葡萄糖低聚糖、半乳蔗糖、大豆低聚糖、棉籽糖、低聚异麦芽糖。

①低聚糖作为饲料添加剂的生理功能。低聚糖对动物的生理功能主要表现在三个方面。第一，低聚糖是动物肠道内有益菌的生长因子。低聚糖能被动物肠道内有益菌（如双歧杆菌、乳酸杆菌）发酵，并为有益菌的生长提供营养素，促进有益菌的繁殖；同时，发酵产生的酸性物质（醋酸、乳酸）降低了整个肠道的 pH 值，抑制了有害菌的生长繁殖，提高了动物防病抗病能力。第二，低聚糖吸附肠道病原菌，对动物起保健作用。某些种类的低聚糖与病原菌在肠壁上的受体结构相似，它与病原菌表面的类几丁质也有很强的吸附力，可竞争性地与病原菌结合，使其无法附着在肠壁上，结合后的低聚糖不能为病原菌生长提供所需要的营养素，致使病原菌得不到营养而死亡，从而失去致病能力，此外，低聚糖不能被消化道内源酶分解，它们可以携带所附着的病原菌通过肠道，防止病原菌在肠道内繁殖。第三，低聚糖充当免疫刺激的辅助因子。某些低聚糖具有提高药物和抗原免疫应答的能力，它还可以促进骨髓内巨噬细胞的发育，提高动物细胞水平和体液水平的免疫功能，提高动物的抗病能力。

②低聚糖在畜禽养殖业中的应用。低聚糖作为新型饲料添加剂，其在畜禽体内起着抑制肠道病原菌繁殖及免疫促进剂的作用，可明显提高畜禽的抗病能力，减少死亡率，提高畜禽生产能力。

低聚糖在养猪业上的应用。在仔猪日粮中添加 0.15% 的低聚果糖，与添加抗生素相比较，可显著提高仔猪的日增重，降低饲料转化率。因此，低聚果糖可代替抗生素应用于仔猪的饲粮中。国外有报道，添加低聚糖不仅可以提高仔猪日增重，而且可降低仔猪腹泻率。此外，某些低聚糖可改变猪肠道后段微生物菌群，从而减少猪粪臭味，减少臭味对环境的污染。

低聚糖在家禽养殖业中的应用。低聚糖用于肉用仔鸡日粮中，可显著提高生长前期的平均日增重和饲料转化率，提高生产性能。由于低聚糖的免疫促进作用，减少了肉仔鸡下痢及沙门菌的侵袭，提高了健康水平，降低了肉仔鸡的死亡率，提高了经济效益。深入的研究表明，低聚糖对改善热应激情况下家禽的健康状况和生产水平有一定的作用。在热应激期肉鸡日粮中添加低聚糖能显著改善饲料利用率，增加日增重和采食量。低聚果糖对鹌鹑的产蛋性能有一定促进作用，并且显著影响脂肪代谢，提高细胞免疫功能，同时血液中甲状腺素水平发生显著变化。

二、改进用水管理

水是生命之源，是有机体的重要组成部分，水质的好坏直接影响畜禽的饮水量、饲料消耗和生产水平，作为动物机体的一种重要的营养成分，畜禽对水的摄入量远远大于其他营养元素。水作为一种溶剂，因其可以溶解和悬浮许多物质，故可用于清洗个体生活和生产过程中产生的污物，但是被致病微生物污染了的水源是难以迅速自净的，因此加强畜禽场饮用水的管理，保证畜禽饮用水的供应和安全卫生对畜禽的健康和生产具有重要意义。

1. 供水系统管理

（1）水源管理

畜禽场水源要远离污染源，如工厂、垃圾场、生活区与储粪场等；水井设在地势高燥处，防止雨水、污水倒流引起水源污染；定期检测饮用水卫生状况（图 4-8）。

图 4-8　某规模猪场的自动供水供料系统

（2）入舍水管理

微生物能通过吸附于悬浮物表面进入畜禽舍感染畜禽，因而在进入畜禽舍的管道上安装过滤器是消除部分病原体、改善入舍水质量的有效方法。为保证入舍水的过滤效果，过滤器应每周清洗 1 次，定期更换丧失过滤功能的滤芯；如果过滤器两侧有水表，可通过观察进水口与排水口水表的水压差来判断过滤器清洗、更换时间。当进水处压力值等于排水处压力值时，可不考虑过滤器清理或更换；当进水处压力值高于排水处压力值时，应及时清理或更换滤芯。

（3）饮水管管理

由于饮水管长时间处于密闭状态，管内细菌接触水中固体物时会分泌出黏性的、营养丰富的生物膜，生物膜形成后又会吸引更多的细菌和水中其他物质，从而迅速成为病原菌繁殖的活聚居地，使原本封闭的饮水系统变成了传递病原菌的工具。所以养殖者要加强对饮水管的管理，具体方法包括：

存栏舍饮水管清理：每 15 天用高压气泵将消毒液注入饮水管内，对其进行冲洗消毒，浸泡 20 分钟后，用高压冲洗 20 分钟。

空栏舍饮水管清理：通过冲洗的方式清理饮水管后，用高压气泵将水线除垢剂注入饮水管内，浸泡 24 小时后，用高压气泵冲洗 1 小时。

2. 饮用水用药管理

饮用水投药前，首先检测饮用水的 pH 值，防止药物被中和，其次饮用水投药前 2 天对饮用水系统进行彻底清洗（刚消毒后的饮用水系统更应彻底冲洗），以免残留的清洗药物影响药效。投药结束后也应对饮用水系统进行清洗，不仅可以防止黏稠度较大的药物粘连于饮用水管表面，滋生氧化膜；还可防止营养药物残留于饮用水中，滋生细菌。

3. 饮用水免疫管理

为保证饮用水免疫的成功，稀释疫苗用水最好用蒸馏水、清洁的深井水或凉开水，pH 值接近中性。饮水器具要清洁、无污物、无锈，不要用金属饮水器，最好用塑料饮水器。免疫时最好在水中加入 0.1%～0.2% 的脱脂奶粉，以保持疫苗的免疫力，同时还可中和水中的消毒剂。

第三节　臭气污染控制技术

随着畜牧业的迅速发展，畜禽养殖场粪便处理利用的问题尤为突出。畜禽粪便量急剧增加，畜禽粪便的含水量高、恶臭，加之处理时容易发生氨、氮的大量挥发，畜禽粪便中含有的病原微生物与杂草种子等，均对环境构成了严重的威胁，因此，减量化、无害化、资源化和综合利用畜禽粪便成为畜禽粪便处理的基本方向。从保护环境和资源再利用的角度考虑，对畜禽粪便的处理主要包括两层含义：一是要通过简单有效的方法对畜禽粪便进行处理，使之能成为有用的资源被再次利用（如作为饲料或有机肥料等）；二是在此处理过程中，要达到除臭的目的。随着当代技术的进步，对畜禽粪便的处理，正在从长期沿袭的仅仅作为农家粪肥就近施用的方式扩展到加工转化为燃料、商品化肥料、饲料产品等。20 世纪 60 年代末以来，日趋严重的畜禽粪便污染环境的困扰和粮食、饲料短缺的威胁，促进了国外对畜禽粪便再利用技术的开发。欧洲、北美的一些国家和日本的养鸡企业逐渐配备鸡粪处理设施，以干燥装置为主体、形式多样的鸡粪加工设备，在 70 年代相继投入使用，此后直至 80 年代末，化学生物发酵处理等技术也得到较为广泛的应用。自 80 年代以来，中国采用太阳能、气流、高温以及膨化、微波、发酵、热喷处理等加工畜禽粪便的研究与应用，至今已初见成效。

为了减轻畜禽粪便及其气味的污染，从预防的角度出发，可在饲料中或畜舍垫料中添加各类除臭剂。20 世纪 90 年代初，澳大利亚对粪池安装浅层曝气系统以减少臭气；美国用一种丝兰属植物的提取液作饲料添加剂混入饲料中，以降低畜禽舍中的氨气浓度。也有的用丝兰属植物提取液、天然沸石为主的偏硅酸盐矿石（海泡石、膨润土、凹凸棒石、蛭石、硅藻石等）、绿矾（硫酸亚铁）、微胶囊化微生物和酶制剂等，来吸附、抑制、分解、转化排泄物中的有毒有害成分，将氨变成硝酸盐，将硫化氢变成硫酸，从而减轻或消除污染。近年来，中国一些大型养殖场也大量推广使用除臭添加剂和在畜禽舍内撒放消臭剂，以消除臭味。畜禽粪便的除臭技术从机理上分主要包括物理除臭、化学除臭及生物除臭。

一、物理除臭

物理除臭技术是采用向粪便或舍内投（铺）放吸附剂或除臭物质以减少臭气的散发。吸附剂宜采用沸石、锯末、膨润土以及秸秆、泥炭等含纤维素和木质素较多的材料。除臭物质有丝兰提取物、沸石、硫酸钙、氯化钙和苯甲酸钙。丝兰提取物能阻断尿素酶活性，减少氨的产生，促进乳酸菌增殖，在饲料中添加丝兰提取物可减少动物排泄物中 30% 左右的氨气含量。丝兰提取物对猪粪尿有除臭效果。沸石是天然的除臭剂，对家禽消化道产生的有害气体如氨、硫化氢等有很强的吸附力，在猪日粮中添加 5% 的沸石，可使排泄物中的氨含量下降 21%。

物理除臭的具体技术措施有吸收法和吸附法。

吸收法是使混合气体中的一种或多种成分溶解于液体中，依据不同对象采用不同的方法：①液体洗涤。常用的除臭方法是用水结合化学氧化剂，如高锰酸钾、次氯酸钠、氢氧化钙、氢氧化钠等，该法能使硫化氢、氨和其他有机物被水汽吸收并去除，该种方法存在的问题是需进行水的二次处理。②凝结。堆肥排除臭气的方法是当饱和水蒸气和较冷的表面接触时，温度下降而产生凝结现象，这样可溶的臭气成分就能凝结于水中，并从气体中除去。

吸附法是将流动状物质（气体或液体）与粒子状物质接触，这类物质可从流动状物质中分离或贮存一种或多种不溶物质。其中活性炭、泥炭是目前使用最广泛的除臭剂，另外，熟化的堆肥和土壤也有较强的吸附能力，近年来常采用的有折叠式膜、悬浮式生物垫等吸附剂，用于覆盖氧化池与堆肥，减少好气氧化池与堆肥过程中散发的臭气，用生物膜吸收和处理养殖场排放的臭气。

二、化学除臭

畜禽粪便的化学除臭技术主要是利用化学物质与畜禽粪便中的有机物进行化学反应。氧化反应是将畜禽粪便中的有机成分氧化成二氧化碳和水或者部分含氧化合物，无机物的氧化则不太稳定。例如硫化氢可以氧化成硫或硫酸根离子，从而达到消除或减少臭气产生的目的。宜采用的化学物质有高锰酸钾、重铬酸钾、过氧化氢、次氯酸钠、臭氧等。

对于新鲜的畜禽粪或垫料用化学药剂进行处理，其方法简易，能可靠地灭菌，保存养分，以含甲醛、丙酸、醋酸的配方最为便宜和安全。

其具体技术措施有氧化法、掩蔽剂法和高空扩散法。

氧化法常包括加热氧化、化学氧化和生物氧化三种。

①加热氧化。如果提供足够的时间、温度、气体扰动紊流和氧气，那么氧化臭气物质中的有机或无机成分是很容易的，要彻底消除臭气，操作温度需达到 650 ℃～850 ℃，气体滞留时间 0.3～0.5 s。此法能耗大，应

用受到限制。

②化学氧化。如向臭气中直接加入氧化气体，但成本高，无法大规模应用。

③生物氧化。在特定的密封塔内利用生物氧化难闻气流中的臭气物质。为了保证微生物的生长，密封塔的基质中需有足够的水分。也可将排出的气体通入需氧动态污泥系统、熟化堆肥。臭气的减少可以通过一系列的方法，但是生物氧化却是非常重要的。生物氧化对于除去堆肥中所产生的臭气起着重要的作用，是好氧发酵除臭成功的关键。

掩蔽剂法是在排出的气流中加入芳香气味以掩蔽或与臭气结合。这种新结合的产物通常是不稳定的，并且在有的情况下其气味可能较原有臭味更难闻，所以目前已很少应用。

高空扩散法是将排出的气体送入高空，利用大自然稀释臭味，适宜于人烟稀少的地区使用。

上述方法如吸附、凝结和生物氧化等在去除低浓度臭味时效果较好，但对高浓度的恶臭气体除臭效果不理想。而畜禽粪处理厂产生的臭味浓度高，因而有必要在畜禽粪降解转化（好氧发酵）过程中减少 NH_3 等致臭物质的产生。首先是调节有机物料的 C/N 比，使之既有利于发酵又避免有机质的过量矿化和氨的大量产生；其次是调控有机物料的酸碱度，使已生成的氨成为氨盐；此外在工艺上通过对温度和发酵时间的调控，可预防有机态氮的过量矿化。研究适宜的发酵技术参数，是工厂化生产进行工艺技术调控的依据，可调控的因素可归纳为五大类，即：物料性状（包括 C/N 比、返料比、颗粒大小、辅料选定等）；环境条件（包括温湿度、通气量、起始含水量、搅拌频率等）；生物因素（微生物接种剂、成熟度等）；物理因素（物料起始质量、发酵床面积与堆肥厚度）和经济因素（固定价值、可变价值）等。

三、生物除臭

生物除臭技术是近年来国内外研究较多的一种方法。本法具有成本低、发酵产物生物活性强、肥效高、易于推广等特点，同时可达到除臭、灭菌的目的，因而被认为是最有前途的一种畜禽粪便处理技术。该技术是采用微生物降解技术，利用生长在滤料上的除臭微生物对硫化氢、二氧化硫、氨气以及其他挥发性的有机恶臭物进行降解。

生物除臭的具体技术措施有厌气池发酵技术、好气氧化池技术与堆肥技术三种。

厌氧发酵技术是目前处理畜禽废弃物最重要的技术之一。厌气池即沼气池，是利用自然微生物或接种微生物，在缺氧条件下，将有机物转化为二氧化碳与甲烷气。其优点是处理的最终产物恶臭味减少，产生的甲烷气可以作为能源利用，缺点是氨挥发损失多，处理池体积大，而且只能就地处理与利用。美国发展了一种厌气消化器，可以有效地控制恶臭气体的产生，其体积仅为厌气处理池的 1%。它的缺点是，需要一定的投资，且操作需十分小心。我国各地均有采用沼气池处理畜禽粪便的做法，但受到一次性投资过大、沼气池长期效果受温度影响较大、冬季产气量小、夏季产气量大、集约化畜禽场远离居民等的制约。

好气氧化池技术：在有氧条件下，利用自然微生物或接种微生物将粪便中的部分有机物分解转化为二氧化碳和水，并释放出能量。它的优点在于池的体积仅为厌气池的十分之一，处理过程与最终产物可以减少恶臭气，缺点是需要通气与增氧设备。此外，处理过程中仍有大量的氨挥发损失，处理产物仍有较浓的臭味，养分损失较为严重，影响到处理产物的肥效。为了完善畜禽粪便好气处理技术，减少处理中氨的损失与臭气，各国科学家对除臭剂选择、除臭技术以及减少氨损失的方法进行了大量研究，形成了众多的除臭剂。目前，主要有两种除臭剂：一种是微生物除臭剂，以 0.2% 的量添加到饲料中，可减少臭气 82%，用处理过的粪便做堆肥，可减少臭气 50%；另一种除臭剂直接加到畜禽新鲜排泄物中，可减少臭气 37%，做堆肥时可减少臭气 63%。在减少 NH_3 挥发损失方面，当 pH 值低于 4 时，可以完全避免 NH_3 的挥发损失。

堆肥技术：堆肥处理畜禽粪便是目前研究较多、应用广泛而最有前景的方法之一，是畜禽粪便无害化、安全化处理的有效手段。它是将畜禽粪便等固体有机废弃物按一定比例堆积起来，调节堆肥物料的 C/N 比，控制适当水分、温度、氧气与酸碱度，在微生物作用下进行生物化学反应而自然分解，随着堆肥温度的升高杀灭其中的病原菌、虫卵和蛆蛹，处理后的物料作为一种优质的有机肥料。即利用好氧微生物将复杂有机物分解为稳定的腐殖土，不再产生大量的热能和臭味，不再滋生蚊蝇。在堆肥过程中，微生物分解物料中的有机质并产生 50 ℃～70 ℃的高温，不仅干燥粪便、降低水分，而且可杀死病原微生物、寄生虫及其虫卵。腐熟后的畜禽粪便无臭味，复杂的有机物被降解为易被植物吸收利用的简单化合物，成为高效有机肥。

第五章　畜禽粪污工艺流程

第一节　有机肥生产工艺流程

随着有机肥的广泛使用，我国农业逐步向无公害农业转变，更多的有机食品、水果、蔬菜走向我们的餐桌。有机肥为有机农业、生态农业所必需，成为农作物生长中的一种必备的肥料，变废为宝为农业服务。

一、有机肥及分类

有机肥料是指含有有机物质，既能为农作物提供多种无机养分和有机养分，又能培肥改良土壤的一类肥料。充分合理利用有机肥料能增加作物产量、培肥地力、改善农产品品质、提高土壤养分的有效性。有机肥在我国有广泛的应用。目前，我国有机肥料一般分为商品有机肥、生物有机肥两种类型。

1. 商品有机肥

商品有机肥指经过工厂化生产，不含有特定肥料效应微生物的有机肥料，以提供有机质和少量养分为主。商品有机肥作为一种有机质含量较高的肥料，是绿色农产品、有机农产品和无公害农产品生产的主要肥料品种。商品有机肥料的现行执行标准为《有机肥料》（NY525—2012）。

2. 生物有机肥

生物有机肥指经过工厂化生产，含有特定肥料效应微生物的有机肥料，除了含有较高的有机质外，还含有改善肥料或土壤中养分释放能力的功能性微生物。随着微生物技术的发展和突破，生物有机肥的发展前景是相当可观的。生物有机肥的现行执行标准为《生物有机肥标准》（NY884—2012）。

二、有机肥的作用与特点

1. 有机肥的作用

（1）有机肥是一种营养完全肥料，能为作物提供其生长所需要的各种营养元素，特别是常用化肥中所缺少的微量元素。

（2）有机肥肥效稳定且长久。有机肥中的有效成分，大部分以有机形态存在，必须经微生物分解和转化才能被作物所吸收。

（3）有机肥能培肥改土，提高土壤肥力。有机肥中含有有机质，施用有机肥能为土壤补充大量有机质，有利于土壤团粒结构的形成，保持土壤水、肥、气、热平衡，提高土壤保水、保肥和供肥能力。同时有机肥能为土壤微生物活动提供充足的能源，增加土壤微生物的活性，加快土壤熟化。

（4）有机肥具有降解土壤污染作用，有机肥中的有机物经分解成有机胶体和有机酸后，能有效吸附固定土壤中的重金属，还能降解土壤残留农药。

（5）有机肥具有提高农作物产量和品质的效果。有机肥是生产绿色食品的主要肥源。

2. 有机肥的特点

优点：培肥地力，养分全；使用安全；含有多种营养成分，肥效长且有后劲；提高化肥利用率，减少化肥用量；增加土壤有益微生物活性；改良土壤，培肥地力；调节土壤酸度；增强植物抗病性和抗逆性；提高产量，改善品质。

缺点：体积大，养分含量低、肥效慢，不易分解，不能及时满足作物高产的要求；脏臭，含有多种病原微生物或一定量的重金属。

三、有机肥相关概念

（1）商品有机肥　是以畜禽养殖排泄物为主要原料，经水分调控和生物发酵处理，质量符合国家标准规定并进行市场销售使用的有机肥料。

（2）主料　是生产商品有机肥的主要原料，包括畜禽养殖排泄物和固液分离后的沼渣等，其质量占发酵物料总质量的80%以上。

（3）辅料　是用以调节发酵堆料理化性状的必需物料，包括木屑、草炭、废菌棒、纤维（木质）化程度较高的农作物秸秆与籽粒外壳等的粉碎物，以及腐殖酸、氨基酸等酸性调节物质。

（4）好氧发酵　是有机物料在有氧条件下，经微生物作用进行矿化、分解和再合成的物质、能量转换全过程。

（5）碳氮比（C/N）　是有机物料中全碳的质量百分数与全氮的质量百分数之比。

（6）腐熟度　是有机物料经过矿化和腐殖化过程，其生物化学性质达到的稳定程度。腐熟度是评价堆肥过程及堆肥产品质量的重要尺度，以相对发芽率和发芽系数作为腐熟度评价指标。

（7）灼烧率　是有机物料经525 ℃±10 ℃灼烧后其质量的减少率，以恒重后样品的灼烧减量除以样品原质量的百分率计算，用以表示物料中有机物含量的高低。

四、商品有机肥生产工艺流程

商品有机肥生产工艺流程包括原料收集、生物发酵、筛选包装、成品出厂。

五、有机肥生产原料

有机肥生产原料应遵循"安全、卫生、稳定、有效"的基本原则，原料按目录分类管理，分为适用类、评估类和禁用类。优先选用农业农村部行业标准《有机肥料》（NY/T525—2012）中的适用类原料，包括种植业废弃物、畜禽废弃物、加工类废弃物、天然原料；禁止选用粉煤灰、钢渣污泥、生活垃圾（经分类陈化后的厨余废弃物除外）、含有外来入侵物种物料和法律法规禁止的物料等存在安全隐患的禁用类原料。

六、生物发酵处理技术要求

1. 总体原则

生物发酵处理工艺包括主料水分控制、添加辅料、接入生物菌剂、堆置翻抛和稳定化处理等，根据畜禽养殖排泄物的来源、农业利用的要求和相应的产品标准，选择适宜的堆置处理技术。

2. 生物发酵处理（堆肥）场地的选择

（1）选址要求

①符合《畜禽粪便无害化处理技术规范》（NY/T 1168）的要求，不得在下列区域内建设商品有机肥生物发酵处理（堆肥）场地：

a）生活饮用水水源保护区、风景名胜区、自然保护区的核心区及缓冲区；

b）城市和城镇居民区，包括文教科研区、医疗区、商业区、工业区、游览区等人口集中地区；

c）当地政府依法划定的禁养区域；

d）国家或地方法律、法规规定需特殊保护的其他区域。

②新建、改建和扩建的堆肥处置场选址应避开禁建区域，在禁建区域附近建设的，应设在禁建区域常年主导风向的下风向或侧风向处，场界与禁建区域边界的最小距离不得小于 500 m。

（2）堆肥场地畜禽排泄物的贮存及运输

①堆肥场地畜禽排泄物的贮存

堆肥场地的畜禽排泄物应设置专门和足够的贮存设施，畜禽排泄物恶臭及污染物含量应符合《畜禽养殖业污染物排放标准》（GB 18596）的要求。

贮存设施符合《畜禽场环境污染控制技术规范》（NY/T 1169）的要求，应采取有效的防渗处理工艺，其位置离各类功能地表水体的距离不得小于400 m，并应处于堆肥场地生产及生活管理区的常年主导风向的下风向或侧风向处。

②畜禽养殖排泄物的运输

应遵循就近运输、对环境及居住人群无不良影响的原则，宜采用管道或封闭式车厢运输的方式。

3. 生物发酵处理（堆肥）场地的布局

堆肥处置场地应本着就近、简便、方便的原则，合理布局原料储存及发酵腐熟场地、半成品及成品仓库、办公辅助场所等，避免二次污染。

4. 生物发酵的主要工艺类型

堆肥装置主要采用好氧发酵模式，包括条垛式、槽式、塔式、仓箱及回转圆筒式等。其中条垛式和槽式适宜一般工厂化规模生产；用地规模受限的地方可选择采用塔式、仓箱及回转圆筒式等。

条垛式、槽式堆肥场地应建有彩钢棚、阳光棚等避雨设施和强制通风装置。静态堆肥表面应覆盖厚约30 cm的腐熟堆料，采用人工供气设备供氧和蒸发水分；动态堆肥采用轨道式、轮式或履带式翻抛机，通过在发酵周期内间隔一定时间进行翻抛供氧和挥发水分。条垛式好氧发酵工艺流程见图5-1。

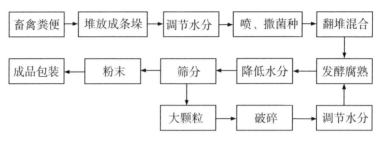

图 5-1 条垛式好氧发酵工艺流程

5. 生物发酵工艺条件控制

（1）辅料选择

以畜禽养殖排泄物为主料的发酵物料应添加适宜的发酵辅料以调节其起始状态。辅料应均匀疏松，组分明确，含水量宜小于 10%，灼烧率应大于 90%，并根据需要进行粉碎、去杂和干化等预处理。

（2）水分调控

物料发酵的起始含水量应控制在 65% 以下。畜禽排泄物（主料）含水量较高时，宜通过自然堆晒、人工加热及机械压榨或离心等物理脱水方式，或通过养殖蝇蛆、蚯蚓等生物脱水方式，降低其原始含水率，同时适量添加辅料，调节物料原始含水率至 50%～60%，辅料添加一般不超过 20%。

（3）碳氮比调节

结合水分调控选择加入辅料种类和数量，调节发酵物料的起始碳氮比至 25%～35%。

（4）菌剂接种

生物发酵菌种加入量为 0.3%～0.5%（有效活菌数≥1 亿/克），或按产品说明书适量添加，接种的菌剂质量应符合《有机物料腐熟剂》（NY 609）的相关指标要求。

（5）制堆发酵

①制堆

条垛堆置高度控制在 0.8～1.5 m；也可根据供氧装置、翻抛机械和发酵类型进行适当调整。

②堆料温度及酸碱度监测调控

发酵过程中，应用专门的温度测定仪测定物料温度。温度测定仪应多点、垂直插入发酵堆料 30～40 cm，至刻度基本稳定时，读取测定数据，取其多点平均值。发酵过程中当物料温度达到 55 ℃以上时，每 3 天进行一次多点采样测定其 pH。发酵物料的 pH 应控制在 5.5～8.5，pH 过高时，宜用腐殖酸、氨基酸等酸性有机辅料调节，以减少氨氮损失。

发酵过程中，堆料 55 ℃以上温度应维持 5～7 天，持续发酵时间应达到 15 天以上。

③通气控制

发酵过程中，应保持良好的氧气供给，但通风强度应控制在不会造成过度的散热降温效果。一般宜采用"温度-通气联控"、间歇性供氧方式，以保证发酵堆料有足够的高温（55 ℃～60 ℃）维持时间，且堆料最高温度不超过 70 ℃。

动态堆肥。在发酵堆料初期及堆温升至 55 ℃以上时，应 2～3 天翻堆一次；气温 30 ℃以上及堆温 55 ℃以上时，宜每天翻堆一次。

静态堆肥。物料的适宜通气量控制在 0.1～0.2 m³/min。

（6）堆料无害化及腐熟度判定

发酵堆料完全腐熟后呈褐色，无恶臭，料质松散，不滋生蝇蛆，水菫（或萝卜）种子相对发芽率≥80％，发芽系数≥50％。

6. 有机肥造粒工艺

有机肥的造粒工艺从干、湿程度上可分为干法造粒和湿法造粒，湿法造粒又可分为盘式造粒和平模挤压造粒。

（1）干法造粒工艺

有机肥干法造粒工艺是指将畜禽粪便通过好氧发酵完全腐熟之后，直接利用对辊式挤压造粒机造粒（造粒过程中无需添加水分），然后进行筛分、包装的成品（图 5-2）。

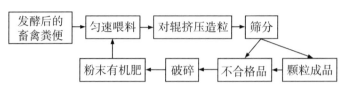

图 5-2　有机肥干法造粒工艺流程

有机肥干法造粒工艺所需的主要设备有喂料机、皮带输送机、对辊式挤压造粒机、滚筒筛分机。该工艺的优点是设备投资少、加工工艺简单、生产成本低，但制得的肥料颗粒强度小、颗粒圆整度不高、粉料较多。

（2）湿法造粒工艺

有机肥湿法造粒工艺是指利用圆盘造粒机或平模挤压造粒机，把已发酵腐熟并经破碎的粉末有机肥进行造粒，再将其进行低温烘干、筛分、包装，造粒过程中需添加一定比例的水（图 5-3）。

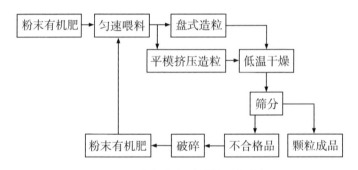

图 5-3　有机肥湿法造粒工艺流程

有机肥湿法造粒所需的主要设备有喂料机、皮带输送机、圆盘造粒机或平模挤压造粒机、低温干燥机、冷却机、筛分机等。该工艺需对颗粒进行烘干，生产成本较高，但成球率高、颗粒圆整且强度大、粉料少。

七、质量控制

1. 后熟处理

高温发酵后的堆料应进行降温和稳定处理。后熟处理可原堆静置，也可结合产品干化、贮存等在专设仓内进行。后熟处理时间 20～30 d，堆内温度基本接近环境温度。产品包装出厂前，应对发酵熟化的堆料进行必要的破碎和筛分处理，以进一步去除杂质。经处理后得到的商品有机肥含水率符合 NY 525 要求，碳氮比为 15：20。

2. 物化性状

（1）外观均匀，不分层，无恶臭。不含粒度＞5 mm 的金属、玻璃、陶瓷等机械杂物。粒度＞10 mm 的塑料、石块等杂物的含量小于 0.5％，灼烧率≥65％。

（2）主要技术指标和重金属含量限定值应符合《有机肥料》（NY 525）规定的要求；蛔虫卵死亡率、粪大肠埃希菌群数应符合《生物有机肥》（NY 884）的要求。技术指标不符合要求的宜重新堆置处理；成品重金属含量超过限定值的，应按《污泥土地利用技术规范》（DB33/T 891）规定的要求处理。

（3）质量检验

水分、温度、腐熟度为日常测试项目。

灼烧率、蛔虫卵死亡率、粪大肠埃希菌群数、重金属等限量成分为型式检验项目。有下列情况时应检验：

①初次检验与定期检验；

②原材料配比发生变化时；

③主料来源发生变化时；

④辅料来源发生变化时；

⑤发酵工艺、设施发生改变时；

⑥发酵用菌种改变时。

八、高温灭菌二次发酵处理粪污生产商品有机肥技术介绍

1. 技术路线

"基于高温灭菌二次发酵快速生产高品质有机肥"先进工艺是指通过高温发酵系统对禽畜粪污、秸秆等农业有机废弃物进行完全地灭菌、发

酵、分解、净化和浓缩，采用二次发酵技术，可使有机肥原料体积减小 50％左右，生产出颜色、气味、养分均佳的优质有机类肥料（图 5-4）。

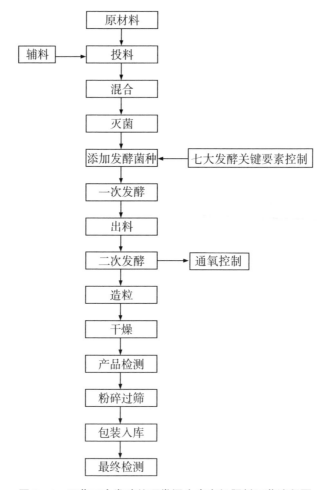

图 5-4　灭菌二次发酵处理粪污生产有机肥料工艺流程图

2. 生产工艺关键点

将有机肥原料碳氮比调节至 30：1，水分调节到 40％～50％。

（1）灭菌

向备用原料的高温菌种接种料中通入 100 ℃蒸汽，在 2 小时内将高温 菌种接种料加热至 80 ℃～90 ℃，并保持 2 h，杀死高温菌种接种料内的草籽、肥虫卵和大肠埃希菌等多种有害菌，成为灭菌料，备用。

（2）接种高温菌种

将待处理原料置于发酵机中搅拌均匀，将备用的高温发酵菌剂按照待处理原料：高温发酵菌剂＝40：1的比例添加到待处理原料中，搅拌均匀，成为高温菌种接种料，备用。

（3）一次发酵

向灭菌接种料中通入蒸汽，进行加热，控制温度在60 ℃～70 ℃，保持16 h，并每隔60 min输入空气15 min；经过一次发酵后的灭菌接种料成为一次发酵料，备用。

（4）二次发酵

将一次发酵料从发酵机中卸出，堆放成宽2 m、高1 m的长条形堆状，进行二次发酵，发酵过程中每隔2 d翻一次堆；经过4～5 d（夏秋两季为4 d，春冬两季为5 d）的二次发酵后的发酵料，即成为高品质有机肥料。

3. 工作原理

从步骤（2）升温开始到步骤（4）的发酵完成，两次发酵过程总共要经过三个阶段：

（1）第一阶段为升温发酵阶段

发酵温度由室温经过1 h升至40 ℃～50 ℃期间，发酵时间为2 h；在此过程中，当发酵温度达到25 ℃以上时，中低温微生物菌群进入旺盛的繁殖期，开始活跃地对有机物进行分解和代谢，以芽孢菌和霉菌等嗜温好氧性微生物为主的菌群将单糖、淀粉、蛋白质等易分解的有机物迅速分解，产生大量的热，从而在低温发酵阶段的后期出现一个"起爆期"，即温度由缓慢上升到突然急速上升的过程。由于灭菌料的pH值为5～6，为微酸环境，高碳源是此阶段微生物容易利用的物质，使得微生物迅速增殖，积累热量到中温阶段。

（2）第二阶段为高温发酵阶段

当经过2 h升温后，发酵温度逐渐由50 ℃升至90 ℃，并在80 ℃～

90 ℃阶段保持 2 h 进行杀菌，随后将温度保持在 60 ℃～70 ℃ 14 h，全高温发酵时间为 18 h；在此过程中，当发酵温度上升到 50 ℃以上时，即进入高温发酵阶段。此时，除少部分残留下来的和新形成的水溶性的有机物继续分解外，复杂的有机物，如半纤维素、纤维素等开始强烈地分解，同时腐殖质开始形成，出现能溶于碱的黑色物质。此时嗜热真菌、好热放线菌、好热芽孢杆菌等微生物的活动占了优势。当发酵温度升至 80 ℃～90 ℃，发酵时间为 2 h；在此过程中，大量的中温菌类死亡或进入休眠状态，高温菌种迅速繁殖，在各种酶的作用下，有机质实现快速分解。随着微生物的死亡和休眠，酶的作用消退，热量会逐渐降低，此时，休眠的中温微生物又重新活跃起来并产生新的热量，经过反复几次，腐殖质基本形成，一次发酵料中的有机肥原料处理物质初步稳定。

与此同时，在上述一次发酵全过程中，每隔 30 min 将原料搅拌30 min，并在搅拌过程中输入空气（即补氧）15 min（保证出气口含氧量不低于 12%；输入空气的作用，一是给微生物提供新陈代谢所需的氧气，二是带走部分水分，三是控制温度）。

（3）第三阶段为降温阶段

在一次发酵完成后，发酵物从发酵机中卸出，进入发酵的后期，只剩下较难分解的有机物和新形成的腐殖质，发热量减少，温度开始下降。当温度下降到 40 ℃以下，中低温微生物重新开始繁殖，剩下的难分解的木质素及纤维素在真菌作用下，少量被降解，此时，即进入物料的腐熟阶段。在该阶段中，料失重及产热量很小，木质素降解产物与死亡微生物中的蛋白质结合形成对植物生长极其重要的腐殖酸；同时将有机肥原料中的有机质和 N、P、K 发酵快速分解出来，至此发酵基本完成。二次降温发酵时间为 4～5 d（夏秋季为 4 d，春冬两季为 5 d），经过上述两次发酵三个阶段后的发酵料，即成为高品质有机肥料。

4. 高温灭菌二次发酵关键控制因素

（1）含水率：合适的物料配比及严格的过程参数控制是获得高品质产

物的必要条件。在有机肥原料处理过程中，按质量计 40％～50％的含水率最有利于微生物分解。

（2）碳氮比：微生物生长需要碳源，蛋白质合成需要氮源，微生物合成一份蛋白质大约需要 30 份碳，因此对于好氧发酵来讲碳氮比为 30：1 是最理想的比例。

（3）氧气：本工艺主要采用强制通风来散发热量，改变物料的含水率，实现温控。通风供氧起到三个作用，一是给微生物提供新陈代谢所需的氧气，二是带走部分水分，三是控制温度。

（4）温度：经过 100 ℃高温灭菌 2 h 后，将温度控制在 50 ℃～70 ℃ 16 h 完成一次发酵，两次发酵从 70 ℃逐渐变为常温，既能保持较高数量的高温分解菌，加快有机物的分解，又有利于去除病原菌微生物，实现无害化。

（5）有机物含量：适合有机肥原料处理的有机物含量范围为 30％～80％。当堆体有机物含量高于 80％时，由于高含量的有机物在有机肥原料处理过程中对氧气的需求很大，往往达不到好氧状态而产生恶臭。

（6）pH 值：在整个反应过程中，pH 值随时间和温度的变化而变化，以保持适合微生物的生存繁殖环境。

（7）碳磷比：磷是微生物必需的营养元素之一，既是磷酸和细胞核的重要组成元素，也是生物能的重要组成部分，对微生物的生长也有重要的影响。达到最佳发酵条件的碳磷比为 75～150。

第二节　粪污三分离治理工艺流程

根据"减量化、资源化、无害化"原则，对畜禽粪污进行雨污分离、干湿分离、固液分离的"三分离"前期综合处理，从源头减量、分类，以达到治理污染、开发综合利用的效果。

一、雨污分离

雨污分离，即"雨污分流"，是畜禽养殖场将天然水和养殖场所排污水分开收集的措施，以从源头减少污水总量。生产场区内分设天然水明渠排放系统和生产污水管道输送系统，保证雨水与粪污水的完全分离。雨水可采用沟渠输送，自然排放；污水采用管道输送，养殖场的污水收集到厌氧发酵系统的进料池中进行后续的厌氧发酵再处理。

1. 天然水排放明渠：在畜禽圈舍屋檐雨水侧修建雨水明渠，专用于排放雨水、雪水等天然水，要求明渠深度不低于30 cm，宽度不低于 30 cm，渠底坡度不低于 10°。

2. 生产污水输送管道：在畜禽圈舍粪污排放口或集粪池排放口铺设输送管道，将粪污输送至污水处理系统，要求输送管直径不低于 20 cm，管底坡度不低于 10°，将收集的畜禽污水输送到厌氧发酵系统的调浆池或进料池中。对已建的户外粪污排放明沟，必须进行封闭改造，防止天然水渗入，不得直排。

二、干湿分离

养殖场内畜禽粪便采用干清粪的收集方式，实现粪便与尿液、冲洗污水分离；即将畜禽干粪清理至圈外干粪暂贮池，再集中收集到防渗、防漏、防溢、防雨的贮粪场，或堆积发酵后直接用于农田施肥，或出售给有机肥厂；尿液、冲洗污水等收集到粪水池中，进行厌氧发酵，使畜禽粪便与污水分开收集。

干湿分离系统需建设干粪收集池，用于收集干粪，大小 3 m×4 m×1 m，并根据养殖场规模适当调整，购置粪污运输推车。建设粪水收集池，用于收集猪舍冲洗水，大小 4 m×10 m×1 m，并根据养殖场规模适当调整。完善粪污收集系统与厌氧发酵系统的衔接。

根据养殖场实际情况，可以采取如下不同的干湿分离方式：

1. 人工清粪：利用斗车、粪铲等简单工具，每日至少 2 次定时清理、收集畜禽粪便，集中堆放或处理；原则上禁止用水冲洗栏舍内的畜禽粪尿。

2. 自动清粪系统：新建养殖场可安装控排式饮水系统、漏粪板、自动清粪系统等配套设施，实施粪尿即时分离。

三、固液分离

采用物理或化学的方法和设备，将粪污中的固形物与液体分开。将粪污中的悬浮固体、长纤维、杂草等分离出来，通常可使粪污中的化学需氧量（COD）降低 14%～16%；固体部分便于运输、干燥、制有机肥等；液体部分通过专用管道收集并输送至污水处理系统，因其有机物含量低，便于后续处理。

通常情况下，利用高效固液分离机对储粪池中的养殖粪污进行挤压脱水处理，继续减少污水中粪便含量，大幅度减轻后续污水处理压力；或者对干清粪过程所收集的畜禽粪便再次脱水，获得含水率更低的粪渣（含水率一般可达 65%以下），分离出来的固体部分进行堆肥发酵，液体部分粪水排往沼气池的进料池，进行发酵处理。

1. 种类

固液分离常用方法有絮凝分离和机械固液分离。

（1）絮凝分离

市场上的絮凝剂包括无机絮凝剂、有机高分子絮凝剂、微生物絮凝剂和复合絮凝剂 4 大类。利用絮凝剂对物料进行处理，使微小的悬浮固体迅速地聚集，进而沉淀分离。絮凝分离与其他固液分离技术结合，能提高固液分离效率。

（2）机械固液分离

机械固液分离设备可分为筛分、离心分离和压滤等类型。

①筛分技术主要包括斜板筛、振动筛和滚动筛等分离技术工艺，其分离性能取决于筛孔尺寸，以及粪水的输送流量和粪水的物理特性（固体含量与固体颗粒的分布等）。筛分设备具有成本低、运行费用低、结构简单和维修方便等优点，但对固形物去除率低，筛孔易堵塞。其中，斜板筛一

般适用于中小型养殖场粪水固液分离；振动筛不适宜使用絮凝剂；粪污处理量大时，振动筛和滚筒筛较为经济。

②离心分离技术是利用固体悬浮物在高速旋转下产生离心力的原理使固液分离。离心分离机分离效率要高于筛分，且分离后的固体物含水率相对较低，但离心分离机设备昂贵、能耗大、维修困难，因而更适用于大中型养殖场粪水固液分离。

③压滤技术主要包括条带压滤和螺旋挤压技术。条带式压滤机价格偏高，适用于大中型养殖场粪水固液分离；螺旋挤压机在处理小规模、高浓度的畜禽粪便时，具有明显省电优势。

2. 固液分离工艺流程

固液分离工艺流程见图 5-5。

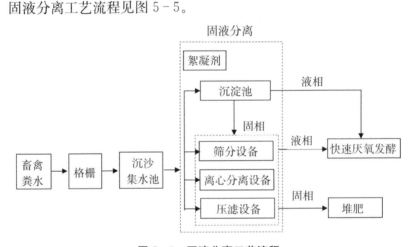

图 5-5　固液分离工艺流程

3. 注意事项

（1）开机后经常观察固液分离设备运转是否正常，并根据粪水水质、分离后粪水水量及时调节进入固液分离机的粪水流量。

（2）根据固液分离机分离出的固形物的含水率，按工艺要求调节设备运行参数。

（3）采用螺旋挤压分离机时，宜在粪水收集后 3 h 内进行粪水的固液分离。

（4）为保护固液分离设备，需建设固液分离间。因场地所限，固液分离间建设在地埋式沼气池顶部的混凝土地板上，但注意做好沼气的防泄漏措施，沼气输出管道不得布置在固液分离间内。

第三节　黑水虻转化畜禽废弃物工艺流程

黑水虻转化畜禽废弃物生产技术是以黑水虻作为生物媒介，将畜禽鲜干粪收集与预处理、接种等后，投入全封闭式黑水虻养殖车间，黑水虻幼虫取食畜禽粪便等废弃物，将有机物质和矿物质转化为虫体生物量，经虫粪分离、昆虫清洗消毒、低温烘干等工艺，生产出昆虫蛋白和虫粪有机肥。昆虫蛋白是营养价值极高的蛋白质饲料，虫粪有机肥可直接用于田土施肥。此生产技术在全国畜牧总站畜禽粪污资源化利用9种主推技术模式中属于粪便饲料化利用模式。

一、生产工艺流程与特点

通过虫体转化成高附加值的饲料添加剂，同时对畜禽粪便等有机废物进行生物转化，促进畜禽粪便的快速熟化，无害化生态处理畜禽粪便，将畜禽粪便转化成有机肥，以减少粪便堆积带来的各种污染问题。黑水虻转化畜禽废弃物工艺流程图见图5-6。该技术模式特点如下：

主要优点：改变了传统利用微生物进行粪便处理的观念，可以实现集约化管理，成本低、资源化效率高，无二次排放及污染，实现生态养殖。

主要不足：动物蛋白饲养温度、湿度、养殖环境的透气性要求高，要防止鸟类等天敌的偷食。

适用范围：适用于远离城镇，养殖场有闲置地，周边有农田，农副产品较丰富的中、大规模养殖场。

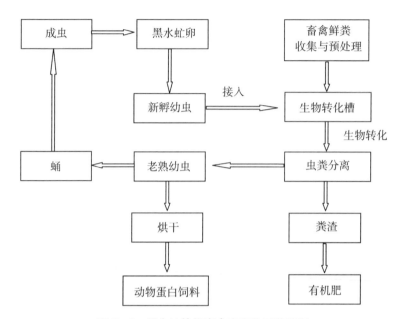

图 5-6　黑水虻转化畜禽废弃物工艺流程

二、黑水虻转化畜禽废弃物的优势

亮斑扁角水虻又称黑水虻，生物分类学上属于昆虫纲，双翅目，短角亚目，水虻科，扁角水虻亚科，扁角水虻属，亮斑扁角水虻种。亮斑扁角水虻成虫外形看上去和蜂类似，世代发育经历卵、幼虫、蛹和成虫四个虫态。亮斑扁角水虻幼虫在自然界经常会以动物粪便或尸体和腐烂的有机物为食，如变坏的水果、蔬菜和腐败的海产品等。

1. 解决环境污染，可持续发展

黑水虻能高效转化各种有机"废弃物"，畜禽粪便转化率 50% 左右，通过转变生物质形态，可完全形成昆虫生物质及功能性微生物肥料，还具有抗有害菌群、趋避家蝇的作用，最大限度降低农牧及食品生产过程副产物对环境的影响，真正实现畜禽粪便等的"零排放"。

2. 满足蛋白质和脂肪的需求

据专家预测，2050 年全球人口将达 90 亿，对蛋白质和脂肪的需求有巨大缺口，在土地、水域有限的情况下，食用昆虫能满足人类的需要。

3. 保障食品安全

有机废弃物经过食用昆虫的转化，杀灭了病原菌、寄生虫等，避免了对动物生产过程中被感染，以及对所生产食品安全性的威胁。

4. 市场广阔，效益显著

黑水虻生物转化畜禽废弃物市场广阔、适应性强，变废为宝，虫体开发饲料，残渣制备功能性微生物肥料，脂肪制备生物柴油，经济效益显著。

5. 生产效率高

（1）转化率高：水虻日夜取食，20 天虫体可增重 6000～7000 倍。

（2）营养全面：水虻含 36％粗脂肪、45％粗蛋白、多种维生素和微量元素。

（3）资源丰富：废弃物资源丰富，可变废为宝，成本低、产出高。

（4）生产便利：不与传统农业竞争土地、水域和劳力，可常年生产，周期短、产量高。

（5）具有可持续性：种植业、养殖业及加工业衔接，实现循环产业链，可持续发展。

三、黑水虻的室内人工繁殖周期

以武汉亮斑扁角水虻的人工繁殖为例（图 5 - 7）。

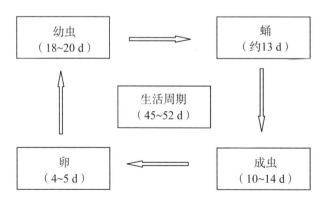

图 5 - 7　武汉亮斑扁角水虻的人工繁殖

四、黑水虻生长需要的条件

（1）幼虫：

温度：26 ℃～30 ℃；湿度：60%～70%。

营养：人工饲料或有机废弃物需要 60%～70%水分，满足水虻生长的营养，在幼虫不同虫龄添加不同量，小幼虫添加量少，中间虫龄多，老熟幼虫少。通气：料的厚度 10～20 cm，每天上午和下午要翻动。

（2）成虫：

温度：28 ℃～30 ℃；湿度：60%～70%。

光照：光源对于黑水虻的交配至关重要，需要足够的太阳直射光，阴雨天需要人工光源，碘钨灯。水和营养：需要定期补充水和营养物质。

（3）卵：

温度：26 ℃～30 ℃；湿度：70%～75%。

（4）蛹：羽化时最适宜环境条件为温度 27 ℃，相对湿度 70%～75%。

五、黑水虻饲养日常管理

1. 虫卵的孵化

（1）将各种光源下收集的收卵盒放入孵化器中网格中心附近；控制养虫室环境温度和湿度，使温度在 26 ℃～30 ℃，相对湿度 70%～75%。孵化时应在阴凉处，避免阳光照射、水分蒸发过快。记录好虫卵孵化所需的时间。

（2）将每天下午 4：30 收集的收卵板分类集中，做好收卵时间标记（贴标签），放入孵化器中网格中心附近；每日收集的纸壳放置于单独的孵化器内，单独跟踪处理，每天孵化的幼虫单独拿出来加饲料饲养，做好时间记录，杜绝混日孵化；设置单独的孵化区，单独管理。

2. 幼虫期饲养管理

采用饲养架的养殖方法。

（1）第1天至第5天（小幼虫饲养区）

1～5日龄的幼虫分5个饲养架进行区分，第6天将第5天的幼虫转移到大虫饲养区进行饲养。1～5日龄的幼虫逐渐增加喂食量。饲料湿度为70％，5天内不分盆。第二批第一天放在第一批第一天饲养架，第二批第二天放在第一批第二天饲养架，以类似方法循环。

（2）第6天到预蛹阶段（人工饲料）（大幼虫饲养区）

大幼虫饲养区分10～12个饲养架，每天一个饲养架，分天管理。从第6天开始，进行分盆，每盆控制虫数3000～5000头。饲料的添加量增加力度将更大，到第15～17天幼虫进入老熟期、快化蛹时期，应减少饲料添加量，饲料湿度降低到50％～60％。

3. 预蛹到蛹的时期管理（化蛹区）

（1）培养20天左右的幼虫，应每天观察盆内幼虫预蛹（变黑）情况，发现预蛹，则及时记录预蛹开始时间（贴标签）；此时，饲料加入量应相应减少；当幼虫盆内预蛹数量占到约50％时，停止喂食，将其放入化蛹区，将其与残料分开，任其自然风干，等待其余幼虫预蛹及化蛹，进入羽化程序。

（2）预蛹变黑—化蛹（僵直）需要7天左右，化蛹—羽化成虫也需要7天左右；当观察到幼虫盆有成虫羽化时，记录羽化开始时间（贴标签）；将开始羽化的幼虫盆合理分配，合并，放置到成虫笼中，进入成虫交配收卵期。

（3）按照每个虫笼每立方米投放10000～15000头蛹；每间隔7天投放一次，每次每立方米10000头蛹。

4. 成虫饲养管理（成虫饲养区）

（1）水虻活动和交配需要较大的空间和充足的阳光。建议养殖温室内部分顶部置换成玻璃板并建造专门的大笼室进行养殖。

（2）理论上笼室空间越大越好，根据厂房实际情况及生产成本控制，设计以笼室长2.5m，宽2m左右，笼顶的高度1m为宜，并每笼配置真树或假树 2～4 棵，悬挂假树叶若干，每笼设收卵盆 2 个，保持适宜的温度、湿度和充足的光照。

（3）在拱形棚顶部安装 500 W 碘钨灯泡备用。水虻交配需要阳光的刺激，如遇阴雨天，可以用碘钨灯照射，每天上午至中午开灯 4～5 h 即能达到效果。

5. 成虫期管理

控制合适的成虫密度（笼内水虻饲养密度为 1 万～1.5 万头/米³，5 m³ 笼子规格应保持笼内成虫数量 5 万～7.5 万头），如不够应及时补充蛹的数量；每日早、中、晚喷水 3 次，勿直喷虫体，用海绵吸足糖水供水虻成虫补充营养。

6. 收卵料的处理

（1）加入可引诱水虻产卵菌，于 28 ℃下发酵 2 d，盆内料量以 4 cm 厚为宜，无需过多；湿度要大，保持高湿度以避免成虫将卵产在料内或其他蝇类干扰。

（2）每天观察，及时补水，并搅拌铺平；每盆收卵料一般可用 7～14 d，如有蝇类滋生，或者已经变黑变质，应及时更换。

7. 虫卵收集程序

（1）收卵纸壳：收卵板用瓦楞纸做成，将纸箱剪成长约 30 cm、宽 6 cm 的硬纸条，其中长边为多孔的边。硬纸板大约三层叠放起来。收卵板必须垂直置于纱布四周，置于高于料面 3～5 cm 为宜，以"均匀放置"为原则，根据每日收卵量，可调整放置纸板个数（笼内要保持足够的收卵板，以减少成虫在其他地方产卵）。

（2）每日下午 4：30 左右收卵，将各个虫笼中收卵纸壳全部移出（无论有无产卵），统计各个虫笼（或实验虫笼）收卵量，以孔数计，并分别记录在案。（用于羽化的装卵盆要用纱网包住，以防止水虻产卵在盆内，每天成虫羽化后将纱网打开放出后盖上。）

（3）收卵后将新的收卵纸壳按照操作规程粘贴在收卵盆内，进行第二日的收卵。

（4）每日下午收到的卵纸壳，集中分类、分配，进入虫卵孵化程序，严格按照程序，杜绝混淆。

8. 饲养技术注意事项

（1）坚持"盆盆有时间，批批有数据"原则，严格控制，分区管理，老少有序。

（2）坚持"不空盆、不空笼""时时有幼虫，天天有卵收"的连续供虫原则。

（3）维持养虫室的温度（25 ℃～30 ℃），相对湿度＞60％，定期通风。

（4）初卵幼虫饲料，小鸡饲料比例稍微加大（麸皮：小鸡饲料为1：1），含水量大（75％），以不滴水为限。

（5）孵化器中只有在观察到幼虫孵化后才能加入初孵幼虫饲料，切勿提前加入，以免引入其他蝇类。

（6）维持室内干净卫生，杜绝其他蝇类及杂虫干扰。

（7）每个孵化器按照时间（天）顺序排列，轮流有序。

（8）每批虫卵从孵化到羽化成成虫，做到时间明晰，准确把握各个时间点，并记录在案。

（9）各项工作要切实按照规程进行，各个环节要严格，注重条理性。

（10）出现问题，及时报告，尽力解决。

9. 饲养管理注意要点

（1）每日清早进入温室，总体检查设施情况，并检查温湿度控制情况；阴雨天，为虫笼区打开灯。

（2）首要工作：虫卵孵化区检查，包括每个孵化器幼虫孵化情况、及时加料补料、加湿棉球或纸板更换、已孵化幼虫跟进护理等。孵化完毕的孵化器应及时清理。

（3）成虫笼区：虫笼定时喷雾水（8：00、12：00、17：00）；注意观察成虫羽化、密度、交配情况等。

（4）幼虫管理：按照时间顺序整理分类，逐个跟踪管理，从幼虫到老熟，根据需求喂食。

（5）每日 8：30、12：00、14：00、17：00 等时间点检查孵化器幼虫孵化情况，及时处理。

（6）每日下午 4：30 收卵，并及时孵化处理。

六、黑水虻人工养殖整体规划布局

黑水虻人工养殖整体规划布局分为小幼虫饲养区、大幼虫饲养区、化蛹区、虫料分离及化蛹区（图 5-8）。

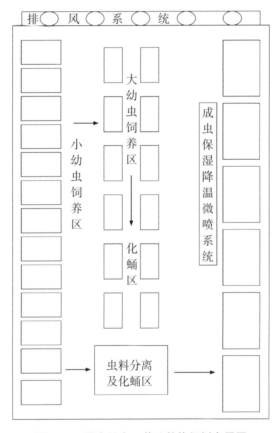

图 5-8　黑水虻人工养殖整体规划布局图

七、黑水虻幼虫饲养架

饲养设备包括饲料盒、多层饲养架等。饲料盒高 12～15 cm，长宽适中，便于人工操作，饲养架规格：先使用角铁焊制成多层铁框，再放上三合板，高 1.8 m，长 1.5 m，宽 0.75 m，上下分为 6～8 层，层间高度为 20～25 cm。

八、黑水虻幼虫接种畜禽粪便参数

水虻对鸡粪的转化工艺参数研究显示：水虻最佳的接种量为每千克鸡粪接种 2000 头水虻幼虫，此时可以达到最大的增重。

水虻对猪粪的转化工艺参数研究显示：每千克猪粪接种 500～1000 头水虻幼虫最佳。

水虻转化纯牛粪的效果较差，如果牛粪与猪粪以一定比例搭配可提高转化效果，通过配比实验结果显示，50％牛粪与 50％猪粪配比比例（1∶1）为最佳比例。

九、黑水虻转化畜禽废弃物效益分析

1. 黑水虻及其转化残余物的应用：

（1）黑水虻活虫直接饲养鳗鱼、林蛙等高附加值动物。

（2）黑水虻干粉虫替代鱼粉作为饲料。

（3）人工饲料饲养水虻虫体或脱脂后的精蛋白可以食用。

（4）黑水虻虫体所含脂肪（31％）是一种新型油脂原料。水虻脂肪制备的生物柴油性能参数达到欧盟标准。

（5）黑水虻转化分离虫体后的残余物可以制备功能性微生物肥料。

2. 黑水虻转化鸡粪的经济效益分析

以 40 万羽鸡场为例，平均每只蛋鸡每天产鸡粪 0.1 kg，则 40 万羽鸡场每天排放粪便为 40 t 左右。每年可产生粪便约 14600 t，水虻转化粪便每年可以产生约 3660 t 水虻，水虻含水量 70% 左右，因此，能够生产约 1098 t 干燥的水虻，计算昆虫蛋白每吨售价 10000 元，40 万羽鸡场年鸡粪转化成昆虫蛋白后销售收入约为 1098 万元。通过昆虫和微生物联合转化后的产物，能够获得约 3650 t 的功能性微生物肥料，按生物肥料 1000 元/吨计算，能够获得 365 万元收益，40 万羽鸡场通过水虻和微生物联合转化粪便可获得 1463 万元销售收入。除去处理每吨鸡粪及转化成本约 600 元，每年处理一个 40 万羽鸡场粪便成本约 876 万元，利润可达约 587 万元，综合经济效益高于传统的处理方式。

第六章 异位发酵床粪污处理技术

第一节 异位发酵床生产工艺流程

异位发酵床是依据好氧堆肥的科学原理，相对于原位发酵床的位置而提出的概念，即把猪场每天产生的全部粪污（粪便和污水）引到猪舍外的发酵槽内，按一定比例与辅料充分混合后进行有氧快速发酵的场所，是处理猪场粪污的另一种形式。经异位发酵床发酵无害化处理的类腐殖质可作为有机肥加工的原料和土壤改良剂等。因此，异位发酵床处理猪场粪污技术的集成与推广应用，对现代农业生产绿色发展具有十分重要的意义。

一、异位发酵床处理猪场粪污技术原理

我国古代就有堆肥的习惯，正如元代《农书》所述：粪屋之中，凿为深池，筑以砖壁，勿使渗漏，凡扫除之土，燃烧之灰，簸扬之糠秕，断蒿落叶，积而焚之，沃以粪汁，积之即久，不觉甚多，凡欲播种，筛去瓦石，取其细者，和匀种子，疏把撮之，待其苗长，又撒以壅之，何患收成不倍厚也哉。如今，堆肥已成为世界范围内处理生物质废弃物的一种普遍工艺。国外堆肥产业化开始较早，技术成熟，工艺繁杂，有较完善的堆肥产品质量认证体系，堆肥产业呈持续发展趋势。

随着禽畜饲养量增加和生产集约化程度提高，禽畜粪便的产生日趋集中，种养结合成本提高，难度不断加大，种养分离在客观上难以避免。未经无害化处理的畜禽粪便携带大量病原体，易腐烂和恶臭，引发了一系列的环境问题，在相当程度上阻碍了我国养殖业的发展。自古以来，畜禽粪

尿就是我国农作物种植的肥料来源。19 世纪 70 年代以来，随着堆肥技术的深入研究和应用，这一技术已经成为有机固体废物资源化、减量化和无害化处理中最为有效的方法之一。经过堆肥处理后的有机固体废弃物，尤其是畜禽粪便，不仅能有效地杀灭其携带的病原菌和寄生虫卵，而且还能提高有机废弃物中的养分有效性、增加作物产量、改善农产品品质和土壤理化性质，是一种优良的土壤改良剂。异位发酵床处理猪场粪污就是依据堆肥理论和原理，并创造性地将猪场粪污源头减量技术、粪污连续流加技术与好氧堆肥技术有机融合起来而形成的集成技术体系。

1. 异位发酵床技术属好氧堆肥范畴

异位发酵床处理猪场粪污同属好氧堆肥范畴，因此应遵循好氧堆肥的生化反应过程。即以好氧菌为主对粪污中的有机物进行吸收、氧化、分解及转化，微生物把一部分有机物氧化成简单的无机物，并释放出能量，把另一部分有机物转化成新的细胞物质，使微生物生长繁殖，产生更多的生物体（图 6-1）。其实质，是在人为干预和控制下（一定的水分、C/N 比和通风条件等），通过微生物的发酵作用，猪场粪污中有机物由不稳定状态转变为稳定的腐殖质。其产品不含病原菌，不含杂草种子，且无臭无

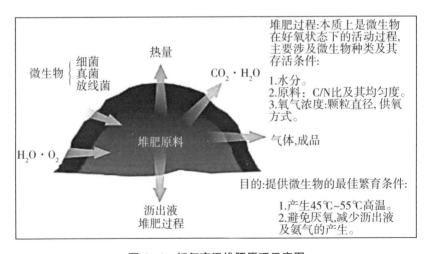

图 6-1 好氧高温堆肥原理示意图

蝇，可以安全处理和保存，是一种良好的土壤改良剂和有机肥原料。

2. 生物化学转化过程

（1）好氧堆肥有机物分解过程（图 6-2）

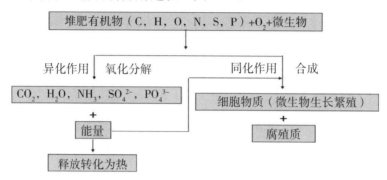

图 6-2 生化过程示意图

（2）好氧堆肥反应过程

①有机物的氧化

不含氮的有机物（$C_x H_y O_z$）

$$C_x H_y O_z + \left(x + \frac{1}{2}y - \frac{1}{2}z\right)O_2 \rightarrow x CO_2 + \frac{1}{2}y H_2O + 能量$$

含氮的有机物（$C_s H_t N_u O_v \cdot a H_2O$）

$$C_s H_t N_u O_v \cdot a H_2O + b O_2 \rightarrow C_w H_x N_y O_z \cdot c H_2O（堆肥）+ d H_2O$$
（气）$+ e H_2O$（液）$+ f CO_2 + g NH_3 +$ 能量

由于氧化分解减量化所以堆肥成品（$C_w H_x N_y O_z \cdot c H_2O$）与堆肥原料（$C_s H_t N_u O_v \cdot a H_2O$）之比为 $0.3\sim0.5$。通常可取如下数值范围：$w = 5\sim10$，$x = 7\sim17$，$y = 1$，$z = 2\sim8$。

②细胞质的合成（包括有机物的氧化以 NH_3 为氮源）。

$$n(C_x H_y O_z) + NH_3 + \left(nx + \frac{ny}{4} - \frac{nz}{2} - 5x\right)O_2 \rightarrow C_5 H_7 NO_2（细胞质）+$$

$$(nx - 5)CO_2 + \frac{1}{2}(ny - 4)H_2O + 能量$$

③细胞质的氧化

$$C_5H_7NO_2（细胞质）+5O_2 \longrightarrow 5CO_2+2H_2O+NH_3+能量$$

3. 物料发酵过程

好氧堆肥过程是一个同时发生生物、化学反应的微生物发酵过程，堆肥过程包括四个阶段：驯化阶段、升温阶段、高温阶段和腐熟阶段（图6-3）。由于异位发酵床处理猪场粪污的过程与一次性固态猪粪的堆肥过程有所不同，粪污采用每天连续流加，发酵槽物料中有机物含量常常处在饱和状态，微生物有着充足的营养，加上每天的翻抛加氧，生物化学反应激烈，故异位发酵床处理猪场粪污的全过程虽然同样包括四个阶段，但每个阶段间的时间间隔差异很大，堆体内的温度常处在升温和高温状态，并维持在50℃以上，只有当辅料中有机质接近或完全被降解殆尽时，才进入降温腐熟阶段，直至物料被完全腐熟。

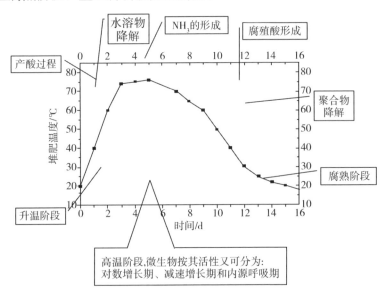

图6-3 固态有机质好氧堆肥各阶段变化

（1）驯化阶段

堆层温度没有变化，温度维持在20℃，生物化学作用主要表现为菌群替代，适者生存的微生物开始繁殖，并逐渐占主导地位；不适应堆肥环境的微生物衰退死亡。

（2）升温阶段

升温期是好氧堆肥的初始阶段，在此阶段，堆体温度从环境温度开始上升到 50 ℃，此阶段的主导微生物为嗜温性微生物，包括细菌、放线菌和真菌。堆体中糖类、淀粉等有机物料在微生物作用下被逐渐分解，释放热量，使堆体的温度逐渐升高。

（3）高温阶段

当堆体温度上升至 50 ℃以上，便进入高温阶段，嗜温性微生物在此阶段的生长受到抑制甚至死亡，而嗜热微生物在此阶段为主导微生物。堆肥升温阶段残留的或者新形成的易分解的有机物在此阶段继续被氧化分解，易分解有机物被分解后，难分解有机物如纤维素和蛋白质等也开始被分解。此阶段的微生物活动是交替出现的，当温度为 50 ℃左右时嗜热性真菌和放线菌最活跃，当温度上升至 60 ℃以上时，真菌基本上停止生长，而嗜热性细菌和放线菌最活跃。当温度上升至 55 ℃达到 3 d 以上时，堆体中的病原体和寄生虫基本上被杀死。

（4）腐熟阶段

经过高温阶段后进入发酵后期，只剩下部分较难分解的有机物和新形成的腐殖质。大部分微生物死亡或者活性下降，发热量减少，堆体温度开始降低，当温度降低到 50 ℃以下时，嗜温性微生物又开始活跃且占优势，对残余较难分解的有机物做进一步分解，腐殖质不断增多且稳定化，堆肥进入腐熟阶段，需氧量大大减少，含水率也降低，堆肥孔隙度增大，氧扩散能力增强，此时只需自然通风。

二、好氧堆肥与异位发酵床工艺的异同点

1. 相同点

（1）发酵原理相同

好氧堆肥与异位发酵床同属堆肥范畴，对有机质的降解原理基本相同。

（2）发酵启动温度曲线相同

好氧堆肥与异位发酵床在发酵初期，其发酵启动温度曲线基本相同（图 6-4）。

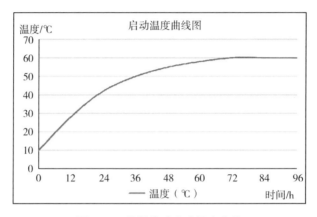

图 6-4　堆肥发酵启动温度曲线

（3）发酵效果相同

好氧堆肥与异位发酵床对主料的处理效果基本相同，均能起到熟化和无害化的效果，其产品均可作为肥料化后续处理的原料。

2. 不同点

（1）工艺流程不同

①固体好氧堆肥的一般工艺流程

固体好氧堆肥工艺主要包括原料混合、一次发酵和二次发酵等 3 个技术单元，如图 6-5 所示。

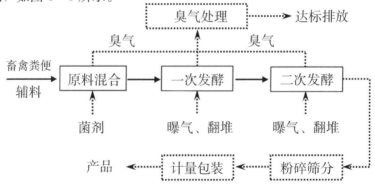

图 6-5　固体好氧堆肥工艺流程示意图

②异位发酵床处理猪场粪污工艺流程

异位发酵床处理猪场粪污技术工艺与固体好氧堆肥工艺有着明显的区别。异位发酵床处理猪场粪污是一项系统工程技术。狭义上包括粪污预处理和一次发酵两个技术单元，广义上包括粪污源头减量化、粪污预处理、一次发酵和二次发酵四个技术单元（图 6-6、图 6-7）。

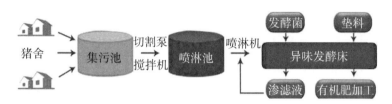

图 6-6 异位发酵床工艺流程

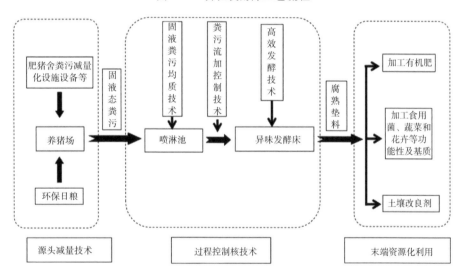

图 6-7 异位发酵床各个技术单元

3. 发酵主料及添加方式不同

（1）固体好氧堆肥主料

固体好氧堆肥的主料以固态粪便的猪粪和沼渣为主要原料（表 6-1），只对猪场的固体粪污进行发酵处理。猪粪、沼渣中有机质含量分别为 15%～20% 和 30%～50%，发酵主料的添加方式为一次性加入并与辅料一次性混合。

表 6-1   猪粪碳氮含量（干基）

原料	碳含量/%	氮含量/%	碳氮比
新鲜猪粪	41.3	3.61	11.44
固液分离猪粪	48.8	2.71	18.01

（2）异位发酵床主料

异位发酵床的主料为畜禽粪污，本书特指以养猪场粪污为主要原料，其中包括猪粪、猪尿和污水。要求粪污 COD 值＞8000 mg/L，且干物质含量＞10%。发酵主料的添加方式为多次流加并多次与辅料混合。

4. 设备不同

固体好氧堆肥的主要设备包括破碎设备、翻堆设备、混合设备、输送设备和筛分设备等，而异位发酵床的设备包括切割泵、搅拌机、喷淋机、翻抛机、移位机和遥控机等智能化辅助管理系统设备。

5. 管理技术不同

由于固态粪便好氧堆肥与异位发酵床的主料添加方式不同，以致发酵温度曲线有显著差异。固态粪便好氧堆肥发酵过程的温度变化曲线呈抛物

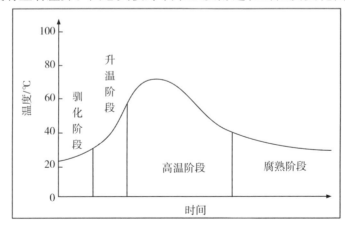

图 6-8　固态有机物堆肥发酵过程温度变化曲线

线形（图6-8），而异位发酵床发酵过程中的发酵温度随着每天粪污添加后而降低，随后新加入的粪污有机质在微生物的作用下氧化分解反应增强，促使堆体温度上升，如此循环往复，堆体温度基本围绕（55±5）℃这条轴线上下波动，呈现为波浪状的变化（图6-9）。所以，固态粪便好氧堆肥和异位发酵床处理猪场粪污在发酵管理方面也随之明显不同。

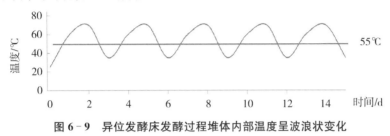

图6-9　异位发酵床发酵过程堆体内部温度呈波浪状变化

第二节　猪场粪污处理工艺流程

一、猪场粪污源头减量技术

1. 环保型日粮的配制与应用

（1）基本原则

1）提高生产水平

生猪生产单位产品的氮、磷及其他物质的排出量随着其生产水平的提高而降低。①选取优良品种，提高生产性能，缩短出栏时间。②调整优化猪群结构，淘汰低产和低效率个体，增加高产个体数量，提高生产效率。③提高生物安全水平，降低死淘率。通过以上措施的实施，最终达到降低生产单位产品所排放的氮、磷、铜、锌和抗生素量。

2）合理划分饲养阶段

依据不同生长阶段生理特点等，科学划分饲养阶段，实现分阶段、分性别、分群分栏饲养，及时调整饲料配方，实现营养供给的动态化调整。结合精细化日粮加工和调制，提高饲料养分利用效率，综合减少粪便中未消化吸收养分的排放。

3）实施精准化饲养

开展饲料原料粗蛋白、有效氨基酸、磷、钙与微量元素（铜、铁、锌、碘、硒）含量的现场检测，实现日粮配合的精准化，提高饲料养分利用效率。

4）集成应用其他营养调控技术

应用酶制剂、酸化剂、植物提取物、微生态制剂和抗菌肽等饲料添加剂，维护肠道健康，提高猪群健康水平，提高饲料利用效率，减少抗生素使用量。

5）设定日粮营养素上限

设定不同阶段日粮粗蛋白、总磷、铜、锌等营养素的上限水平，约束饲料中超量添加和过量使用。

（2）氮的减排

1）原理

生猪生产的实质是动物性蛋白合成与生产。其消化系统将饲料中的植物性蛋白质消化分解为氨基酸，吸收后再进一步合成动物性蛋白。根据动物性蛋白合成所需的氨基酸能否在体内合成，将氨基酸分为必需氨基酸和非必需氨基酸。生猪所需的氨基酸主要由植物性蛋白饲料原料提供，由于植物性蛋白饲料原料中的氨基酸构成与畜禽所需要的氨基酸构成有一定的差异，主要是必需氨基酸缺乏，通常需要较高的日粮粗蛋白水平才能满足机体氨基酸需要。通过在日粮中额外补充生猪生产所需的必需氨基酸即可适度降低日粮粗蛋白水平，可在不影响生猪生产性能发挥的同时，有效减少粪便中氮的排泄。

2）方法

精准饲养的前提条件是精准评估饲料原料中氨基酸的消化率。可以采用酶解酪蛋白超滤、高精氨酸胍基化测定技术，以及猪回-直肠吻合与十二指肠 T 型瘘管结合尼龙袋测定技术等测定内源性氨基酸（氮）排泄量，进而精准测定饲料原料中氨基酸（氮）的消化率。以生长育肥猪为例：

猪总氮排出量（V）与日粮蛋白质（CP）水平（x）之间存在线性关系（图6-10）：

$$y = 1.35x - 6.18 \quad (\gamma^2 = 0.85)$$

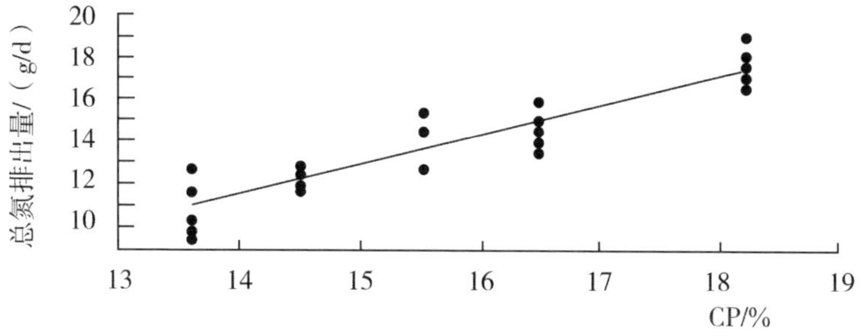

图6-10　生长育肥猪日粮蛋白质水平与总氮排出量的回归关系

因此，降低日粮蛋白质水平即可实现粪便氮排放的降低。

生长育肥猪各阶段日粮满足可消化氨基酸（精氨酸、组氨酸、异亮氨酸、亮氨酸、赖氨酸、蛋氨酸＋半胱氨酸、苯丙氨酸、苏氨酸、缬氨酸）需要量（表6-2）后，日粮粗蛋白水平可比现行营养需要量排放标准降低1%～2%，可节约蛋白质饲料用量10%～30%，同时大幅度减少氮的排泄。本技术方法可以与其他提高蛋白质氨基酸利用率的功能性添加剂（如半乳甘露寡糖、壳寡糖、稳定性半胱氨酸、酶制剂等）配合使用。

表6-2　　　　　　　　生长育肥猪回肠可消化氨基酸需要量

体重/kg	精氨酸/(g/d)	组氨酸/(g/d)	异亮氨酸/(g/d)	亮氨酸/(g/d)	赖氨酸/(g/d)	蛋氨酸＋半胱氨酸/(g/d)	苯丙氨酸/(g/d)	苏氨酸/(g/d)	缬氨酸/(g/d)
20～60	5.08	4.01	6.93	12.79	12.79	7.29	7.54	8.01	8.63
60～90	5.67	5.04	8.82	16.07	15.75	9.29	9.61	14.96	10.71
90～120	4.94	4.94	8.92	15.61	15.93	9.56	9.56	10.35	10.67

采用理想蛋白质氨基酸平衡模式和可消化氨基酸技术配制低蛋白日

粮。可将猪的常规日粮蛋白质降低 2%～4%。通过补充氨基酸可直接降低饲料中豆粕的用量 5%～12%，可减少氮排放量 25%～35%，减少饮水量 20%～25%。

（3）磷的减排

【方法一】根据生长育肥猪的磷需要量，合理确定日粮磷水平。

生长育肥猪对磷需要量和料重比的回归模型如下：

$$Y = 809532X_4 + 788079X_3 - 276250X_2 + 42114X - 1758.8$$

式中：Y—日增重（g/d）；

X—日粮中可消化磷含量（%）；

$$Y = 3651.1X_4 - 3480.4X_3 + 1183.8X_2 - 172.45X + 10.86$$

式中：Y—料重比；

X—日粮中可消化磷含量（%）。

根据上述模型，可确定生长育肥猪磷的适宜需要量，将生长猪日粮中的磷酸氢钙添加水平由 0.92% 降低到 0.55%，育肥猪日粮配比中磷酸氢钙添加水平可由 0.76% 降低到 0.38%，而不影响生长育肥性能时，可减少磷酸氢钙用量 20%～40%，磷的排泄量降低 12%～14%。

【方法二】饲料中添加植酸酶。日粮中添加外源植酸酶不仅能够提高猪饲料中磷的利用率，同时也能提高氮的利用率。例如：猪饲料中添加 750 FTU/t 耐高温植酸酶（酶活性 5000 FTU/kg，每吨料添加 150 g），可以替代 5 kg 磷酸氢钙的添加量。

（4）重金属减排

生长育肥猪日粮中添加高铜（Cu）可以显著提高猪的生长速度和饲料转化率，添加高锌（Zn）可以降低仔猪腹泻率，因此生猪日粮中铜、锌的添加量往往超过其需要量。但日粮中添加的铜、锌等重金属大部分不能被动物吸收，随粪尿排出体外。有研究发现，用 8～375 mg/kg 的铜饲喂 35 kg 的育成猪时，铜的表观消化率只有 6.18%～15.53%；用 0～3000 mg/kg 的 ZnO 饲喂 7.3 kg 的断奶仔猪时，锌的消化率只有 18.1%～

33.5%；而且随着饲料中铜、锌添加量的增加，消化率降低（梁明振等，2009）。我国猪粪中铜、锌的检出量分别为 399.0～979.7 mg/kg 和505.9～2088.8 mg/kg（董元华等，2015；贾武霞等，2016）。农业生产中若使用这样的猪粪及其所制成的有机肥，会引起土壤和水体淤泥中的铜、锌累积，对土壤环境和农产品造成污染风险（Meyer 等，2002）。控制生猪养殖过程中铜、锌对环境的污染，必须从源头做起，通过合理的饲料配方，控制铜、锌等微量元素的过量添加，减少浪费，可降低铜、锌等重金属的排泄量，降低潜在的环境污染风险。主要的减排措施如下：

1）按照生猪的生理特点和对铜、锌的需要量合理配制日粮

不同生长阶段生猪对铜、锌等微量元素的需求量不同，因此需要按照生猪在该阶段的生理特点和营养需求来制订饲料配方，以求最大限度减少饲料中铜、锌等微量元素的添加量，降低粪尿中的排泄量，减少环境污染风险。

不同生长阶段生猪对铜、锌的需要量见表 6-3（NRC，2012）。根据我国《饲料添加剂安全使用规范》（农业部公告第 1224 号）规定的标准，仔猪（包括乳猪和小猪）、中猪、大猪和种猪配合饲料或全混合日粮中铜的最高限量（以元素计）分别为 200 mg/kg、50 mg/kg、35 mg/kg 和35 mg/kg；配合饲料或全混合日粮中以硫酸铜和氧氯化铜的形式提供铜元素的推荐添加量（以元素计）分别是 3～6 mg/kg 和 2.6～5.0 mg/kg。在配合饲料或全混合日粮中，锌的最高限量（以元素计）除断奶仔猪是 2250 mg/kg 外，其余均限量 150 ng/kg；以硫酸锌、氧化锌和蛋氨酸锌络（螯）合物的不同形式提供锌元素，在配合饲料或全混合日粮中的推荐添加量（以元素计）分别为 40～110 mg/kg、43～120 mg/kg 和 42～116 mg/kg。

表 6-3　　　　　　　　　　不同生长阶段生猪铜、锌需要量

项目	0～12 周龄	12～16 周龄	＞16 周龄	母猪
铜/（mg/kg）	170	23	25	25
锌/（mg/kg）	150	150	150	150

注：引自 NRC，2012

2）提高饲料中铜、锌的生物利用率

提高饲料中铜、锌的生物利用率，能有效降低饲料中铜、锌的添加量，进而减少猪粪尿中铜、锌的含量，降低环境污染风险。

无机源形式的铜、锌，是指以氧化物、硫酸盐、氯化物和碳酸盐类等形式为主的无机物。这种形式的铜、锌会在生猪肠道中发生解离，并与其他物质结合，降低其生物利用率。

有机源形式的铜、锌，由于结构特殊、稳定性好，其生物利用率显著高于无机源形式的铜、锌。有机源形式的铜、锌分为金属络合物和螯合物两类，络合剂有蛋白质、氨基酸、糖、有机酸等有机物，螯合物指金属离子与配位体之间形成环状结构。因为有机微量元素利用配位体的转运系统吸收，氨基酸和蛋白质的络合物可以完整地通过小肽和氨基酸的转运系统通过肠黏膜进入血液，大大提高了元素利用率（赵春雨等，2015；杨晋青等，2016）。用 100 mg/kg 赖氨酸铜和 250 mg/kg 硫酸铜对断奶仔猪的促生长效果试验表明，赖氨酸铜处理显著提高了断奶仔猪最初 13 d 内的体重，提高了饲料报酬率；以蛋氨酸锌提供 250 mg/kg 的锌与以氧化锌的形式提供 2000 mg/kg 的锌对断奶仔猪的促生长作用效果相同（Ward 等，1996）。因此，在猪饲料中推广和应用有机形式的铜、锌，可以在保证猪的生长性能不受影响的前提下，最大限度地降低饲料中铜、锌的添加量，是实现养猪生产中铜、锌等减排的有效途径之一。

3）在饲料中使用促生长用途铜、锌添加剂的替代物

可在生猪饲料中添加益生元、酶制剂、酸化剂和植物提取物等新型饲

料添加剂，替代促生长用途的铜、锌添加剂，提高仔猪的免疫能力和肠道健康，减少仔猪腹泻等疾病的发生，保障生猪的健康水平，提高生猪生产性能。

（5）抗生素减排

在严格按照国家现行的有关规定规范使用抗生素的前提下，正常的抗生素推荐量一般不会对异位发酵床的正常发酵产生不良影响。但抗生素的减排符合农牧业绿色发展方向，应予实施。养猪场兽用抗生素减排可通过以下途径：

1）养猪业主应树立安全用药意识；

2）完善抗菌药品监控和监管体系；

3）加强饲养管理，减少抗生素的使用；

4）科学使用抗生素；

5）开发利用促生长类兽用抗菌药替代品。

2. 实行两分离

（1）雨污分流

养猪场应按照国家生猪规模养殖场标准化升级改造的要求，污水从暗道（沟）流入集污池，雨水从明沟排到自然界（图 6-11 至图 6-12）。

图 6-11　雨水与污水彻底分流　　　　图 6-12　养猪粪污由污水道引入集污池

（2）饮污分流

有研究表明，生猪正常的饮水量约等于采食量的 3.5 倍。采用传统的鸭嘴式饮水器或其他不规范的饮水器，猪只真正喝进肚子的水量只占30%左右，换言之，约有70%的水量会滴漏进入污水道，从而增加相应量的污水。因此，应配套饮污分流设施。一是在饮水器的正下方建设接水槽并将滴漏下来的水引出舍外，避免漏水流入污水道；二是安装嵌墙式饮水器，将滴漏下来的水引出舍外（图6-13至图6-14）。

图6-13　碗式饮水器下方配套接水槽　　图6-14　嵌墙式饮水器

3. 猪舍栏面铺设漏缝板

漏缝板是猪舍内有缝隙的地表面，尿液和污水从缝隙流入其下面的粪沟，猪粪经猪只踩下落入粪沟，粪沟中的粪便被机械刮板刮走、用水冲走或依靠重力流走。漏缝地板便于粪便的收集，使栏面清洁和干燥，有助于疾病和寄生虫的控制，改善舍内卫生和防疫条件。对减少污水量有着重要意义。

（1）漏缝板的选择

①水泥漏缝地板

水泥漏缝地板一般是采用塑料或金属漏缝板模具，内加钢筋网浇灌水泥凝固而成，可做成条状或板状与条状混合。具有造价低、耐腐蚀、不变形、表面平整光滑、坚固耐用、便于清洗和消毒等优点，种猪舍和育成肥育舍可选用。由于制造工艺和水泥标号要求高，应选购专业厂家加工的标准化产品，不提倡自行制作。标准型的水泥漏缝板条宽一般为8～12 cm（图6-15）。

图 6‑15　标准型水泥漏缝板

②铸铁漏缝地板

铸铁漏缝地板（图 6‑16）具有缝隙较大、粪尿下落顺畅、缝隙不易堵塞、不会打滑等优点，曾在生产上广泛使用，但因造价较高，冬天板上温度较低，目前推广应用面逐年减少。

图 6‑16　小猪舍局部铺设铸铁漏缝地板　　图 6‑17　保育舍局部铺设塑料漏缝地板

③塑料漏缝地板

塑料漏缝地板（图 6‑17）采用工程塑料模压而成，拆装方便，重量轻，耐腐蚀，牢固耐用，较水泥、金属和石板地面暖和，但容易打滑，体重大的猪行动不稳，适用于小猪保育栏地面或产仔哺乳栏小猪活动区栏面。

④BMC 复合漏缝板

BMC 复合漏缝板（图 6‑18）主要采用不饱和树脂、低收缩剂等各种纤维材料配合螺纹钢筋骨架压制而成。具有高强度、不伤奶头、不伤猪蹄、不吸水、耐酸腐蚀、不老化、不粘粪、易清洗、无需横梁、重量轻、运输方便、拆装方便、耐腐蚀、牢固耐用等特点。

图 6 - 18　BMC 复合漏缝板

（2）漏缝板铺设要求

①缝隙

漏缝板的设计对于猪舍内部清粪工作、卫生条件以及猪群的健康水平等多个方面均有直接影响，特别是采用异位发酵床技术模式的养猪场一定要引起足够的重视，科学合理地选择漏缝板。除漏缝板的材质外，漏缝板的缝隙宽度也是需要考虑的因素。一般来说，漏缝板的缝隙越大，其漏粪效果越好，但是缝隙过大，容易损伤猪蹄部。不同体重的猪群，需要采取相应缝隙宽度的漏缝板。种猪舍和分娩舍漏缝板缝隙宽度分别为 22～25 mm 和 10～12 mm，而保育猪舍、生长猪舍和育肥猪舍漏缝板缝隙宽度则分别为 12～15 mm、18～20 mm、20～25 mm。

②面积

漏缝板有全漏粪和局部漏缝两种（图 6 - 19、图 6 - 20）。全漏缝板是整个猪舍栏面全部铺设漏缝板，而局部漏缝板则是在紧挨着外墙一侧铺设面积占该栏舍地面面积的 1/2 以上或铺设至少 2 m 宽的漏缝板。

图 6-19　全漏缝板

图 6-20　育肥猪舍局部铺设水泥漏缝板

4. 改变三种方式

（1）清粪方式

1）舍外人工干清粪方式

①旧猪舍改造前准备

清栏：计划改造的猪舍应提前 10 d 左右将猪舍内的猪只转栏或销售；搬走猪栏内妨碍施工的一切杂物。

清洗与消毒：按照 GD/T17824.3 的规定要求进行清洗、消毒；消毒后晾干 2～3 d 施工。

②漏缝板铺设施工要求

a. 一般原则：为减少投资，采用地下式设计（图 6-21）。

b. 铺设位置：猪舍纵向的两侧，紧挨着两侧外墙。

图 6-21　小规模猪场旧猪舍局部漏缝板改造（舍外清粪）设计效果图

c. 铺设面积：漏缝板铺设面积以猪栏面积的 1/2 为宜，或紧挨外墙铺设宽度≥2 m。

d. 材料选择：乳猪、保育猪推荐选用塑料漏缝板或 BMC 复合漏缝板，生长育肥猪推荐选用水泥漏缝板，种猪推荐选用 BMC 复合漏缝板或水泥漏缝板。

③施工

a. 拆除实心墙与挖土：挖土的宽度依铺设面积而定，一般不小于200 cm。方法是：打掉相邻两栏中间与铺设宽度尺寸相同的实心墙，长度与整栋猪舍的长度相同（图 6-20、图 6-21）；靠猪舍外侧挖土深度120 cm，靠通道一侧挖土深度不少于 25 cm，挖土后形成向猪舍外侧倾斜的平面，平面底部呈弧形。

b. 铺设排污管道：依猪舍长度可设置一端或两端污水出口，管道可用直径 5~8 cm 的 PVC 管，斜度为 0.5%。

c. 砌砖：在猪舍斜平面的三边用砖头砌成6 cm宽的"砖墙"，以供放置漏缝板。

d. 涂抹水泥："砖墙"和斜平面的表面均需水泥涂抹，并确保光滑不滞水。

e. 放置漏缝板：涂抹水泥 2~3 d 后，即可放置漏缝板（图 6-22）。

④架设栅栏：在打掉相邻两栏的实心墙和猪舍外墙后架设镀锌管栅栏，并确保牢固。

⑤安装饮水器：饮水器应固定在猪舍外墙架设的栅栏上。

图 6-22 漏缝板紧挨外墙，宽度≥2 m

⑥铺设雨污分流管道

每栋猪舍均应铺设雨污分流管道，主管道与支管道应形成管网，并严防漏水。雨水主管道采用 PVC 材质，直径不小于 20 cm，支管道直径15 cm；污水主管道直径 15 cm，支管道直径 8~10 cm。接收污水的管道铺设于靠猪舍内侧，接收雨水的裸露管道铺设于污水管道外侧。

2）粪沟机械刮粪方式

①舍内粪沟

在栏位漏缝地板下设置舍内粪沟；宽度 1200~1400 cm（比刮粪板宽

4～6 cm)，沟底横截面呈"V"形（图 6-23）；舍内粪沟最低处埋设与粪沟基本等长的排尿管道，管道上开设宽度为 10～15 mm 的缝隙，管道末端与舍外污水管道相通；舍内粪沟起始端深度不低于 300 mm，沿污水流动方向设 0.5%～1.0%坡度（图 6-24 至图 6-25）。

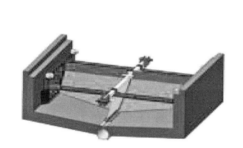

图 6-23　粪沟沟底呈"V"形

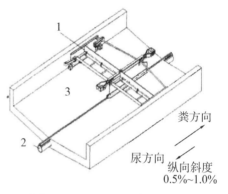

粪方向

尿方向

纵向斜度
0.5%~1.0%

1. 清粪机刮板　2. 排尿管　3. 粪沟

图 6-24　粪沟机械刮粪器

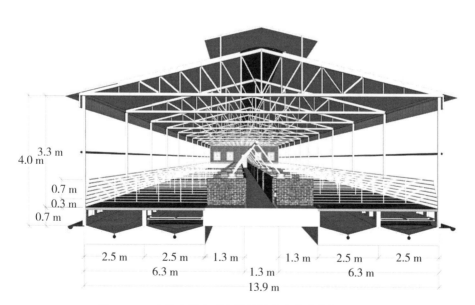

图 6-25　生猪育肥舍"全漏缝板＋舍内粪沟"设计效果图

②舍外粪沟

相互平行排列的多栋猪舍端部如果与场区污道大致平齐，可设置舍外粪沟。舍外粪沟与每栋猪舍内的舍内粪沟末端相接，舍外粪沟轴线垂直于或相交于猪舍长轴。舍外粪沟深度应低于舍内粪沟末端 500 mm 以上，宽度1000~1800 mm。舍外粪沟上方铺设盖板，末端或中间部位设置提粪井。

在舍内、外粪沟内安装机械刮板，将粪便收集到猪舍末端。刮板上应配备排尿管的疏通板，防止粪便进入排尿管导致堵塞。猪舍末端设置集粪斗，用于承接及转运机械刮板收集的舍内粪便。集粪斗呈倒梯形，大小可根据猪舍饲养量确定。

单栋猪舍内粪沟末端的集粪斗位置固定，可配置机械提升装置，比如采用螺旋绞龙式输送机将粪便提升到地面以上，也可通过设置能通行小型运输车辆的大坡度斜坡通道运送集粪斗。

配置有舍外粪沟的多栋猪舍可采用移动式集粪斗，共用一套集粪斗系统。移动集粪斗在动力机构驱动下在舍外粪沟内运行。在提粪井处设置提粪机，将集粪斗运送到地面以上，再通过卸粪机将集粪斗内粪便卸载到运输车或其他转运装置内，运送到贮粪池或集污池。

（2）清洗方式

长期以来，多数养猪场特别是中小型猪场一直采用低压清洗猪栏，不但因水压不高造成清洗效率低、耗时长，而且冲水量大导致污水量大幅增加，即使采用干清粪后再低压清洗，存栏猪每头日产污水量也高达 15 kg，这么大的污水量因其所含的有机质浓度低，满足不了异位发酵床微生物生长繁殖的营养需要。实践经验表明，采用高压清洗机或泵站（适用于大规模养猪场）清洗比普通清洗机节水 70％以上。因此，必须采用高压清洗设备替代低压清洗设备，以减少污水量，提高粪污中有机质含量。高压清洗设备有移动式和固定式两种类型（图 6-26、图 6-27）。高压清洗设备出水压力要求为 180~220 MPa，以确保效果。用于清洗料槽底部、漏缝板内等死角部位的，可选用旋转喷头，而用于清洗平面的部位则选用扇形喷头，可提高清洗效率。

图 6‑26　移动式高压清洗机

图 6‑27　清洗高压泵站

（3）消毒方式

消毒方式也会影响猪场污水产生量。采用异位发酵床处理猪场粪污的养猪场应改传统的消毒液为火焰消毒，其燃料可用沼气或液化气。在实际生产中除了烈性传染病疫情期间外，应尽可能减少消毒液带猪消毒次数，用益生菌替代进行雾化带猪消毒（图6‑28）；空栏时，栏舍经高压清洗后晾干，猪舍栏面应用火焰全面彻底消毒；如发生疫情使用强酸强碱消毒液消毒栏舍，其消

图 6‑28　微生物制剂雾化消毒猪舍

毒水严禁流入异位发酵床，以免影响发酵槽中发酵菌群的正常生长繁殖。

5. 安装节水式饮水器

有关试验表明，在相同水压情况下，不同饮水器日用水量不同，漏水量也不同；相同类型的饮水器随着供水压力的增大，日用水量增加，漏水

量也增加。因此，猪场要在饮水器选择安装和流量控制方面加大管理力度，努力从源头上减少污水量的产生。

（1）猪的饮水需求量

生猪不同生长阶段对饮水量的需求是不相同的，各个阶段的日饮水量及流量需求推荐值见表6-4。

表6-4 猪的日饮水量及流量需求推荐值

猪类型	体重/kg	每只猪需水量/ [L/d]	流速/ （L/min）
哺乳仔猪	1～6	0.7	0.3～0.4
断奶小猪	6～30	2.5	0.4～0.6
育成猪	30～120	10	1～1.5
公猪	200～300	15	1.5～1.8
空怀、怀孕母猪	100～250	15	1.5～1.8
哺乳母猪	100～250	30	2～3

（2）节水式饮水器的种类

目前市面上的节水式饮水器主要有碗式饮水器（图6-29、图6-30、图6-31）、限位式饮水器（图6-32、6-33）和嵌墙式饮水器（图6-34）等3种。

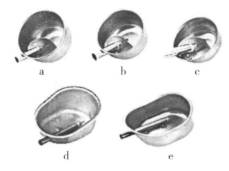

a. 直径 160 mm　　b. 直径 140 mm
c. 直径120 mm　d. 大号（290 mm×210 mm）
e. 中号（270 mm×190 mm）

图6-29　碗式饮水器种类

图6-30　分娩床安装碗式饮水器

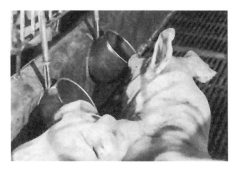

图 6‑31 碗式饮水器固定形式

图 6‑32 怀孕舍、分娩舍母猪栏安装的限位式饮水器

图 6‑33 保育舍和生猪育肥舍安装的限位式饮水器

①不锈钢碗式饮水器。为不锈钢材质，具有厚重、稳固、耐摔、耐啃咬、螺丝固定、安装方便牢固的优点。原理：当猪饮用水时，猪嘴触碰出

水阀门，水从水管中流出到水碗里供猪饮用；猪饮用水后，猪嘴不再触碰出水阀饮水嘴，在内部弹簧作用下复位从而切断水流，停止供水。采用不锈钢碗式饮水器，可有效节约用水，减少养殖场污水排放量，节省费用。安装方法有二：一是直接将不锈钢碗式饮水器固定在墙上；二是通过饮水器底部的固定孔直接用螺丝将饮水器固定在墙壁上或者围栏上。

图 6－34 嵌墙式饮水器

②限位式饮水器。怀孕母猪采用通体食槽的，15～20头安装1个水位控制器，分娩母猪每头安装1个，生长育肥舍可根据每栏养猪头数安装2个或多个不同高度的饮水器。通体食槽和水盘加装水位控制器，控制用水量，避免饮用水浪费。水位控制器下口连接一根直径13.33 mm的钢管，钢管下端切口齐整。下口的高度距离水槽底部一般为20～30 mm，工作时打开水位控制器开关，液体从钢管下口流入水槽中，一旦液体高度达到钢管下口的高度，下口与空气密封后，水流停止。此时液面的高度基本为20～30 mm。当猪只饮水时，液面下降，水位控制器自动补水到20～30 mm的高度。

③嵌墙式饮水器。采用嵌墙式饮水器猪舍应集中收集猪只饮水过程中遗漏的饮用水，防止饮用水直接流入污水道，并将收集到的漏水集中进行处理、利用（图6－35），避免直排外界。

图 6－35 将漏下的饮用水收集后集中处理

6. 生产用水管理

（1）碗式饮水器安装高度推荐值见表6－5。

表 6-5　　　　　　　　　碗式饮水器安装高度推荐值

生长阶段	体重/kg	水碗高度/（h，mm）
哺乳仔猪	1～6	80～105
保育仔猪	6～30	100～150
生长猪	30～120	250～300
公猪	200～300	350～400
空怀、怀孕母猪	100～250	350～400
哺乳母猪	100～250	350～400

（2）调节饮水器流量

猪场各阶段猪舍各个饮水器均应根据推荐流量调节饮水器流量，建议在每个饮水器的上方安装节流阀门，在供水压力一定时，使用前调整好饮水器流量；如果猪场供水压力变化，饮水器应重新调整流量。

（3）安装水表

每栋猪舍须铺设饮用水和清洗用水水管，并分别安装水表（图 6-36），把每栋猪舍的用水量纳入饲养员每月绩效考评内容，实行用水目标管理和奖惩制度，以严控粪污日产量。要求自繁自养的猪场每头存栏猪日产粪污量控制在 8 kg 以内，种猪场基础母猪存栏每头每天粪污产生量不超

图 6-36　总水表（左）、分水表（右）

过 20 kg。

（4）生活用水与生产用水应彻底分离并分别管理。

（5）严禁生活用水和强酸强碱消毒水流入粪污收集管道而进入异位发酵床。

二、影响异位发酵床正常运行的因素

1. 有机物含量

粪水与辅料混合后物料中的有机物含量不得少于 20%，含量太低会影响发酵效果。

2. 含水率

异位发酵床物料的适宜含水率为 50%～60%。当含水率太低（<30%）时将影响微生物的生命活动，太高也会降低发酵速度，导致厌氧菌活跃并产生臭气以及营养物质的沥出。不同养猪工艺粪水中含水率相差很大，采用干清粪工艺粪便的含水率通常为 75%～80%。物料的含水率还与设备的通风能力及物料的结构强度密切相关，若含水率超过 60%，水分就会挤走空气，物料便呈致密状态，发酵就会朝厌氧方向发展，此时应加强通风。反之，物料中的含水率低于 20%，微生物将停止活动。因此，物料的含水率应采用辅料进行调节。

3. 碳氮比

由于碳源和氮源在生物生长过程中有着十分重要的影响，在分析营养源对重组大肠埃希菌生长的影响时，人们在碳氮比以及碳源和氮源浓度对发酵过程的影响方面作了大量的研究。发现碳氮比过高和过低都不利于细胞生长和外源蛋白表达与积累，过低导致菌体提早自溶，过高导致细菌代谢不平衡，最终不利于产物的积累。适宜的碳氮比范围为（25～35）：1，最佳的碳氮比则为 30：1。

4. 供氧量

通风供氧是异位发酵床处理猪场粪污成功的关键因素之一。发酵槽堆体内部需氧的多寡与物料中有机物含量多少相关，物料中的有机碳越多，其耗氧率越大。发酵过程中氧浓度合适的范围为 15%～18%，氧浓度不宜低于 8%，否则，好氧发酵中微生物生命活动将受到限制，容易使发酵进入厌氧状态而产生恶臭。对于异位发酵床而言，氧气是微生物赖以生存的物质条件，供氧不足会造成大量微生物死亡，使分解速度减慢；但如供冷空气量过大又会使温度降低，尤其不利于耐高温菌的氧化分解过程，因此供氧量要适当，一般以 $0.1～0.2 \ m^3/min$ 为宜。

5. 辅料粒径

因为微生物通常在有机颗粒的表面活动，所以降低辅料颗粒粒度，增加表面积，将促进微生物的活动并加快发酵速度；另一方面，若辅料原料太细，又会阻碍堆层空气的流动，将减少堆层中可利用的氧气量，反过来又会减缓微生物活动的速度。为了加快发酵过程，应在保证空气通透的前提下尽量减小辅料的粒径。因此，保持物料间一定的空隙率很重要，物料颗粒太大使空隙率减小，颗粒太小其结构强度小，一旦受压会发生倾塌压缩而导致实际空隙减小。对于异位发酵床采用木屑和谷壳作为辅料而言，适宜的粒径应控制在 3～6 mm 之间，而粒度低于 0.5 mm 的锯末通透性差。

6. pH 值

pH 值对微生物的生长也是重要影响因素之一。微生物最适宜的 pH 值是中性或弱碱性，pH 为 7.5～8.5 时，可获得最大的发酵处理速率，如 pH 值太低会影响发酵速率，pH 值在 7.0 以上时，氮以氨的形式挥发，造成氮素的损失。在一般情况下，猪场粪水的 pH 值能满足发酵槽中微生物的生长繁殖要求。

7. 温度

温度是异位发酵床得以顺利进行的重要因素，温度会影响微生物的生长，一般认为高温菌对有机物的降解效率高于中温菌。在初期，堆体温度一般与环境温度相一致，经过中温菌 1～2 d 的作用，发酵槽温度便能达到高温菌的理想温度（50 ℃～65 ℃），在这样的高温下，一般只要5～6 d即可达到无害化效果。过低的温度将大大延长腐熟的时间，而过高的堆温（≥70 ℃）将对堆肥微生物产生不利影响。在气候寒冷的地区，为了保证发酵过程正常进行，需采用加温保温措施。目前比较经济可行的办法是利用太阳能对物料加温与保温，可利用温室大棚的原理设计发酵设施。发酵设施应采用透光性能好、结实耐用的PVC或玻璃钢等材料，建造屋面和墙体。发酵设施冬天应封闭良好，具有良好的保温性能；同时应通风方便，以提供发酵所需要的充足氧气。

8. 辅料质地

辅料质地会影响辅料使用寿命周期。一般而言，质地较硬的硬质辅料纤维结构致密，如木屑、椰糠、谷壳等；硬质辅料通透性较软质辅料（秸秆、菌糠、草粉）好。因此，异位发酵床的辅料应以硬质辅料为主。

9. 碳磷比

磷对微生物的生长有很大影响，猪场粪水中磷的含量一般可满足微生物生长的需要。物料中适宜的碳磷比为75～150。

10. 翻抛频率

通气性是影响发酵槽温度和发酵效果的重要因素。翻抛可起到改善堆内通气条件、散发废气、蒸发水汽和升降堆体温度等作用，从而促进高温有益微生物的繁殖，使堆温维持在55 ℃～60 ℃之间，可加速发酵物料转化，达到混合均匀、受热一致、腐熟一致的目的。异位发酵床运行过程中，每天宜翻抛1～2次，具体频率可根据温度变化灵活控制。

三、异位发酵床辅料与发酵菌剂质量要求

1. 辅料选择及组合

（1）一般要求

应选择富含纤维素的原料，如木屑、竹屑、菌菇棒等；新鲜、无霉变、无杂质、无腐烂、不含化学物质；硬木和杉树木屑尤佳，桉树等含有

芳香挥发油物质，其木屑不宜作为辅料原料；油过漆的旧家具木屑也禁止作为辅料。要求辅料原料含水率不超过 20%、粒度不小于 0.5 mm（图 6-37）。

图 6-37　新鲜谷壳（左）、木屑（右）

（2）质地要求

应选择不易降解的硬质原料作为碳源原料，如木屑、竹屑等；为提高堆体内部的透气性，应选择不易降解的惰性原料作为辅料，如谷壳、棉籽壳和椰子壳等。

（3）碳氮比要求

①常见辅料碳氮比

适宜的碳氮比范围为（25～35）：1，最佳比例为 30：1。应选择富含碳素的原料，以保证较高的碳源，满足降解粪氮的需要。常见辅料原料碳氮比见表 6-6。

表 6-6　　　　　　　　常见辅料原料（干基）的碳氮比

名称	总碳/%	总氮/%	碳氮比
木屑	49.18	0.1	491.8
棉花秆	55.65	0.50	111.30
玉米秸秆	49.21	0.46	107.00
玉米芯	49.45	0.47	105.20

续表

名称	总碳/%	总氮/%	碳氮比
红薯藤	48.39	0.54	89.61
大豆秆	44.27	0.59	75.03
花生秧	45.52	0.84	50.62
辣椒秆	43.33	0.62	69.89
稻谷壳	36.9	0.57	64.74
花生壳	44.22	1.47	30.08
稻草	35.70	0.64	55.80
杏鲍菇菇渣	45.00	1.68	26.79
木薯渣	51.94	0.56	92.75
椰子壳粉	31.72	0.39	81.33
新鲜猪粪	41.3	3.61	11.44
固液分离猪粪	48.8	2.71	18.01

碳氮比计算

a. 辅料碳氮比的计算公式如下：

$$K = \frac{C_1 + C_2}{N_1 + N_2}$$

式中：K—混合原料的碳氮比，通常取最佳范围值；C_1、C_2、N_1、N_2 分别为有机原料和添加物料的碳、氮含量。

b. 粪水与辅料混合比例按照下述公式计算：

$$W(\%) = \frac{a \times (1 - X_1) + b \times (1 - X_2)}{a + b} \qquad 公式（1）$$

其中：

W—混合物料的初始含水量（%），通常取 55% 左右；

a—粪水的质量（kg）；

b—辅料的质量（kg）；

X_1—粪水的含固率（%）；

X_2—辅料的含固率（%）。

c. 发酵物料中的碳氮比调节，按照下述公式计算：

$$C/N=\frac{a\times c_1+b\times c_2+c\times c_3}{a\times n_1+b\times n_2+c\times n_3}$$ 　　　公式（2）

其中：

C/N—混合物料的初始碳氮比，通常取 25～30；

a—公式（1）中计算粪水的质量（kg）；

b—公式（1）中计算辅料的质量（kg）；

c—高氮物质的添加量（kg）；

c_1、c_2、c_3—粪水、辅料和高氮物质的含碳量（%）；

n_1、n_2、n_3—粪水、辅料和高氮物质的含氮量（%）。

（二）发酵菌剂质量要求及添加量

异位发酵床发酵菌剂应选择专用菌剂，要求富含有耐高温的芽孢杆菌、链霉菌、小多孢菌、真菌和高温放线菌等复合菌剂，其中芽孢杆菌含量应在 4×10^8CFU/g 以上。产品要求经微胶囊包被、活菌数含量高、流动性好。近几年在福建省主要推广应用"农科一号"（图 6 - 38），首次添加量为 1 kg/m³。

图 6 - 38　枯草芽孢杆菌

四、发酵辅料装填

1. 辅料配比

发酵辅料来源很广，各地不尽一致，可根据就地取材的原则选择辅料。目前普遍采用谷壳与木屑组合，两者间的重量比按 1∶1 搭配。

2. 辅料首次装填方法

（1）辅料装填流程见图 6‑39。

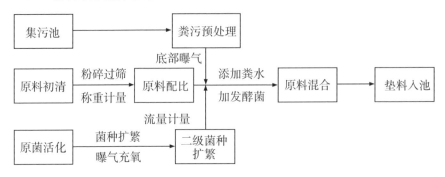

图 6‑39 辅料装填流程

（2）装填高度

辅料的装填最大高度不得大于额定翻抛深度；辅料采用分层装填的方式装入发酵槽内，装填高度标准型发酵槽为 150 cm、农户型发酵槽为 120 cm，首次装填的高度分别为 140 cm 和 100 cm 即可（图6‑40）。装填辅料时应采用分层装填的方式，各层辅料及其装填先后顺序见表 6‑7。

图 6‑40 辅料装填高度

表 6‑7 辅料首次装填方法

先后层次	装填原料	标准型装填厚度	农户型装填厚度
表层	专用菌种＋玉米粉（1：4）	均匀撒施	均匀撒施
4 层	木屑	30 cm	25 cm

续表

先后层次	装填原料	标准型装填厚度	农户型装填厚度
3层	谷壳	55 cm	25 cm
2层	木屑	30 cm	20 cm
底层	谷壳	35 cm	30 cm

（3）菌种稀释与加入

菌种按1∶4的重量比例与玉米粉均匀混合，将稀释后的菌种根据辅料铺设面积按比例均匀地撒在辅料表面；添加量按辅料体积1 kg/3m³比例加入。

（4）注意事项

①为了维持辅料底部的透水透气，必须保证底部有30 cm厚的谷壳。

②辅料装填时务必清除辅料中的木块、铁块、石子、塑料薄膜、编织袋等异物。

③装填后的辅料高度应均匀一致，避免忽高忽低。

④由于普通或单一的菌种难以长期维持正常发酵，一定要选择异位发酵床专用菌剂。

⑤装填时，发酵槽头尾两端预留2～3 m不装辅料，发酵槽左右两边也得留出一定的空隙，为翻抛机零负载启动及工作时辅料移位预留空间（图6-41、图6-42）。

图6-41　辅料装填时预留空间　　　图6-42　将菌剂均匀撒在发酵槽表面

五、粪水喷淋

喷淋前，需先开启搅拌机，来回搅拌一趟，即撒完发酵菌剂后，喷淋机只开搅拌机（不启动喷淋泵）；随后启动喷淋泵开始进行喷淋粪水，当粪水渗入槽内后立即进行翻抛，采取边搅拌边喷淋的方式。第一次喷淋时，喷淋量应留有余地，不宜过多，首次喷淋时喷淋机来回喷 2 次即可；此后一般每天喷淋 1 次、每次 24 L/m³ 左右，但也应根据气候、发酵床堆体温度、物料水分含量酌情增减（图 6-43）。

图 6-43　粪水喷淋作业现场

六、发酵物料翻抛

每日粪水喷淋结束，当粪水完全渗入后，立即启动翻抛机进行翻抛，启动当天确保每槽都翻一遍；翻抛后应检查一下发酵槽内物料含水率是否符合 60% 左右的要求。发酵床正常运行后，根据温度变化，每天翻抛 1~2 次（图 6-44）。在实际生产中，需掌握以下规律：

图 6 - 44　翻抛机作业现场

"温（一般为 60 ℃）到不等时"：翻抛后温度在 60 ℃以上累计 5 h 即可开始下一次翻抛，无需等到第二天，一天多次翻抛可增加处理量。

"时（一般为 48 h）到不等温"：距上次翻抛 48 h 后，即使温度达不到要求，也要翻抛。

翻抛过程中严禁操作人员站在机器 20 m 内的前后位置；翻抛前，注意检查限位开关、轮子、耙齿等主要部件是否正常。

严格按上述要求操作，发酵床温度仍持续低于 50 ℃时需向专业人员反馈并协助处理。

七、湿度控制

物料经翻抛混合均匀后，发酵堆体内水分含量应控制在 50%～60%之间，最好不超过 65%，严禁超过 70%，可采用手握法判断。用手抓一把经翻抛均匀后的混合物料紧握于手中，用力挤压时如有水滴下，说明含水率超过 60%；如挤不出水滴，松开手指头时物料呈团状，且手指头上挂有水珠，说明物料含水率适宜，反之，如手指头上未见任何水珠，且物料松散不成团，说明物料含水率太低。物料含水率过高或太低，均应及时调整，否则不利于正常发酵。

八、温度监测

发酵槽启用时，喷淋后经 24～48 h 的发酵，池内中段的温度应达到 45 ℃以上，72 h 应上升到 55 ℃以上，发酵温度控制在 55 ℃～60 ℃之间效果最好，不宜超过 70 ℃。为及时掌握发酵槽物料发酵是否正常，每天在喷淋前必须坚持测试堆体内部温度，规范化测温方法见图 6 - 45、图 6 - 46。

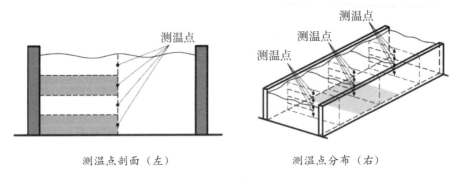

测温点剖面（左）　　　　　　　　测温点分布（右）

图 6 - 45　发酵槽测温点

图 6 - 46　异位发酵床专用温度计

九、辅料和菌剂的补充

选用高质量的异位发酵床耐高温专用发酵菌剂的养猪场，每 4 个月补充辅料（木屑与谷壳的配比不变）1 次，同时补充添加发酵菌剂 0.2 kg/m³；亦可每月补充新鲜辅料 30 kg/m³、发酵菌剂 20 g/m³。

十、腐熟度判断

虽然国内外在堆肥腐熟度评价方面已经进行了广泛而且深入的研究，但仍然没有形成一种公认的堆肥腐熟度指标。目前较为常用的腐熟度评价指标主要包括物理学指标、化学指标和生物学指标三类。我们判断异位发酵床发酵物料腐熟度时，采用简易判断方法，即当发酵槽内部不再继续升温且降至接近气温状态，外观呈黑褐色或黑色，无味、不臭，质地疏松，手握物料松开后不黏手时，一般可粗略判断为已经腐熟。此方法简便易行，实用性强。

十一、发酵槽辅料的更新

发酵槽物料经判断确定已经腐熟时，应及时清出物料。清理出槽的腐熟料应集中堆放或销售给有机肥加工厂供加工有机肥，严禁随意或露天堆放，也可经堆放陈化后在土肥专家的指导下作为土壤改良剂施用。

第三节　异位发酵床处理设备使用方法

一、粪污匀质切割泵

粪污匀质切割泵设计要求技术参数设计合理，效率高，节能效果显著（图 6 - 47）。

1. 技术参数

(1) 转速　1430 r/min

(2) 流量　25～38 m³/h

(3) 扬程　12～14 m

(4) 效率　41%

(5) 功率　3000 W

(6) 重量　80 kg

图 6-47　粪污匀质切割泵

2. 特点

(1) 采用大流道抗堵塞水力部件设计，大大提高污物通过能力，能有效地通过泵口径的 5 倍纤维物质和直径为泵口径约 30% 的固体颗粒。

(2) 采用双道串联密封，材质为硬质耐磨碳化钨，具有耐用、耐磨等特点，可以使泵安全连续运行 800 h 以上。

(3) 泵结构紧凑，体积小，移动方便，安装简便，无需建泵房，潜入水中即可工作，大大减少工程造价。

(4) 泵油室内设有油水探头，当水泵侧机械密封损坏后，水进入油室，探头发生信号，对泵实施保护。

(5) 要求配备全自动安全保护控制柜，对泵的漏水、漏电、过载及超温等进行监控，保证泵运行可靠安全。

(6) 配备双导轨自动耦合安装系统，以方便安装、维修。

(7) 为自动控制泵的停启，应配备浮球开关，以自动控制水位。

(8) 在使用扬程范围内保证电机运行不过载。

(9) 能保证电泵在无水（干式）状态下安全运行。

(10) 要求安装方式有固定式自动耦合安装和移动式自由安装两种，以满足不同需要。

3. 适用范围

适用于异位发酵床处理猪场粪污项目工程等。

二、粪污喷淋设备

1. 技术参数

（1）最大控制宽度　18 m

（2）最大行程　　　75 m

（3）行走速度　　　90 m/h（图 6-48）

图 6-48　喷淋设备作业现场

2. 特点

自走式粪污喷淋设备（图 6-49），专为异位发酵床研发设计，架设于喷淋池及发酵槽顶部的轨道上，配有行走电机，可无线遥控喷淋设备行走、喷淋。该喷淋机前进及返回的速度可根据需要设定，且能随时调整。

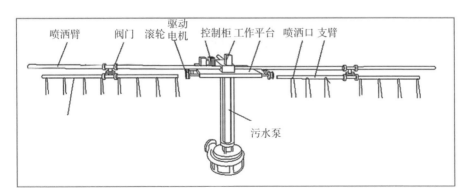

图 6-49　粪污连续流加喷淋

集污池或舍内喷淋池的污水经过搅拌后，通过切割匀质泵（利用切割泵的功率来控制粪污流量）将粪污输至主管道，由主管道分流至各条分管道（设置阀门），喷淋到每个发酵槽内的辅料上。通过阀门的开关控制，每个发酵槽可同时喷淋，也可单个喷淋。

3. 适用范围

专门用于异位发酵床粪污处理系统，将粪污定期均匀喷淋至辅料中。

三、翻抛设备

翻抛设备包括翻抛机及其移槽设备。NKNYFPJ 系列专用翻抛机是福建省农科农业发展有限公司与福建农林大学机电学院联合研发的产品，该机设计结构合理，效率高，能耗低，自动化程度高，使用方便，实用性强（图 6-50、图 6-51）。

图 6-50 翻抛机和喷淋机遥控器面板功能键

图 6-51 NKNYFPJ 翻抛机

1. 技术参数

标准型翻抛机技术参数：

（1）翻堆宽度　　　　4 m

（2）最大翻堆深度　　1.6 m

（3）液压站电机功率　3000 W

（4）主机电动机功率　　5500 W×2 台

（5）行走电动机功率　　1500～4000 W

（6）移位车电动机功率　1100～6000 W

（7）工作行走最低速度　90 m/h

（8）工作行走调速范围　90～540 m/h

2. 特点

（1）可无限并列多槽，随时扩增处理容量。

（2）最大翻堆深度可达 1.5 m，确保物料混合和好氧发酵均匀。

（3）料层供氧穿透能力强，辅料发酵升温快。

（4）发酵槽侧面配置固定式铜质滑触电缆，安全、可靠、耐用、维护方便。

（5）工作效率高，控制简便，对主机负荷随时监控。

（6）工作速度可无级变速配置，适应物料负荷变化。

（7）无线遥控作业，操作方便快捷。

3. 适用范围

专门用于异位发酵床畜禽粪污处理系统中槽内物料的翻抛。

4. 主要结构

采用螺旋式犁头设计。主机由 2 台摆线针轮减速机同步运行，双链轮链条驱动搅龙，传动可靠（图 6 - 52）。

 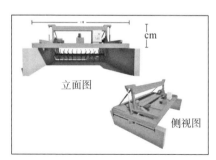

图 6 - 52　翻抛机主要构件

采用电磁调速电机驱动涡轮减速机，在翻抛过程中可根据物料的密度随时调整行走速度，工作调速最低 90 m/h。

在翻抛工作中，空载返回翻抛位置和移位到另一发酵槽时，可操作液压升降系统升至合适高度，完成主机的运行及移位（图 6 - 53）。

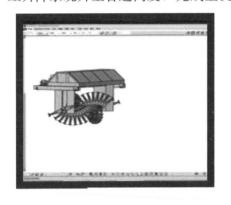

图 6 - 53　液压升降自动控制翻抛深度

搅龙轴上的卡盘为固定铰刀专用，螺旋接触物料，降低负载。铰刀的翻抛一般可将物料搅拌抛至 1.5～2.5 m 远的位置。翻抛速度快，搅拌均匀，物料与空气充分接触，促进高效发酵。

5. 移槽设备

移槽设备（俗称移位机）由电机、涡轮减速机、链轮、链条及传动轴等组成，为翻抛机换槽提供的临时原位装置。采用单机头多槽使用设计（图 6 - 54）。

图 6 - 54　移位机

四、曝气系统

1. 概述

（1）曝气的重要性

目前，异位发酵处理猪场粪污技术在养猪场有较为广泛的应用，但不规范的操作与运行，常常会诱发"死床""烂床"现象。其主要原因之一是供氧量不足而导致厌氧发酵。为了解决此类问题，在异位发酵床处理猪场粪污系统中嫁接曝气增氧系统，进行间歇主动曝气，强制通气，增加氧气量，解决发酵时缺氧的问题，提高粪污处理效率。

（2）工艺流程

异位发酵床曝气系统通过高压鼓风机供气，由分控箱与电动蝶阀控制系统输送气体，在异位发酵槽底部修建地沟铺设管道，空气由管道进入物料堆体内部。

异位发酵床曝气系统采用间歇曝气的方式，与翻抛机配合使用，以保障发酵槽内物料中的氧气量，维持良好的好氧发酵状态。

2. 系统特点

异位发酵床曝气系统是福建农科农业发展有限公司根据异位发酵床粪污流加工艺特点，自主研发的异位发酵床工程专用曝气控制成套设备，可应用于不同规模异位发酵床系统的自动曝气控制。该系统自动化程度高，操作简单，可实现远程控制，有效提高粪污处理效率，降低能耗和人工成本。该系统具有以下特点：①采用集中控制方式，根据异位发酵床工艺要求，对发酵、陈化各槽段进行灵活组态、自动控制，适应性强。②发酵、陈化各槽段曝气控制可手动与独立操作，便于工艺调试、设备维护等不间断运行。③发酵、陈化各槽段曝气控制可通过系统编程，分区段实现自动独立循环曝气，稳定性强。④该系统可通过网络连接到福建农科智能系统，实现远程技术支持。

3. 主要设备

（1）系统配置

异位发酵床曝气系统单套基本配置有高压鼓风机、曝气管网、分控箱、电动蝶阀、电缆桥架以及管道等。实际系统配置设备的参数与数量由项目规模与布局来确定具体配置方案。

风管采用UPVC管，管径90 mm和63 mm，在曝气风管斜向下打孔，孔径8 mm，间隔150 mm打孔，两孔夹角120°。单套基本系统具体配置见表 6-8。

表 6-8 　　　　　　　　　　　　　单套基本系统配置

设备名称	规格型号	单位	数量	备注
高压鼓风机	$Q=720~\text{m}^3/\text{h}$，$P=260~\text{mbar}$，$N=7.5\text{kW}$	台	1	
电动蝶阀	DN80	台	≥1	由设计管路确定
分控箱	配套	台	1	
管道	UPVC 管及管件，国标 UPVC 给水管	套	1	
电缆桥架	配套	套	1	

（2）高压鼓风机

曝气使用的鼓风机为高压鼓风机，主要由叶轮、机壳、进风口和传动组等部件组成，可广泛用于输送物料、空气及无腐蚀性不自燃、不含黏性物质的气体，输送的介质温度不超过80 ℃，所含尘土及硬质颗粒不大于 $150~\text{mg}/\text{m}^3$，适用于高压强制通风和物料输送。

高压鼓风机控制与曝气方式有关，可以通过控制高压鼓风机的开停周期控制通气。根据入槽物料量及其发酵需氧特性调节高压鼓风机的开停周期，使物料发酵处于最佳状态。

根据工艺要求，该系统采用 R32 型高压鼓风机，其不仅能够满足设计要求，且安装容易、运行可靠性高、噪声低。在实际项目实施中，也可以选用合适的其他型号的高压鼓风机。

高压鼓风机设计为间歇工作方式，选型时要求可连续工作，日工作时长为 12 h，控制有自动与手动两种操作方式。采用间歇式循环曝气，能耗低，可达到节能功效。

（3）设备参数及材质

设备参数及材质详见表 6-9。

表 6‑9　　　　　　　　　　　　　设备参数及材质

名称	规格参数	材质	单机功率	防护等级绝缘等级
高压鼓风机	电压（V）：380 满载额定电流（A）：12 流量（m³/h）：720 全压（mbar）：260	铸铝	7.5 kW	IP54，不低于 B 级
电动蝶阀	DN80；压力：16 kg；对夹连接；温度：－15 ℃～85 ℃；介质：空气	阀体：铸铁；阀板：SS304；阀座：EPDM；		
管道	DN90	UPVC		
管道	DN63	UPVC		

4. 设备安装

（1）高压鼓风机。一般安装位置在发酵槽附近，尽量靠近以减少风压的损失，达到节能目的。高压鼓风机安装位置见图 6‑55。

（2）曝气管网。发酵槽底部地面每间隔 50～60 cm 预留铺设管网沟（宽 20 cm×深10 cm），以供埋设曝气管之用（图 6‑56、图 6‑57）。

图 6‑55　高压鼓风机

图 6‑56　曝气管铺设示意图

图 6‑57 曝气管上面覆盖 5 cm 厚的碎石

5. 系统使用说明

（1）启动前的检查和准备

①系统各种设备使用前必须检查装配是否正常和各部件功能，在检查中发现的错误必须立即整改。

②前次维修后需要重新进行检查，所有保证性测试达标前，设备不能投入使用。

③检查电气系统，是否设备所有部分已接地、是否有必需电源、是否电压达到要求、是否所有信号及输电线路完好并正确连接。

④检查机壳及连接螺栓是否齐全、完整、紧固，地脚螺栓是否紧固。

⑤手动盘车检查转子与机壳有无碰撞或摩擦现象，内部是否有异物。

⑥发酵槽内是否已装满物料，翻堆机运行是否正常。

⑦检查控制系统相关的设备是否有故障报警。

（2）高压鼓风机的启动

①单动启动

风机控制界面上"工作状态"处于红色"工作"，这时单动控制是可操作的；按下风机"工作"按钮，高压鼓风机启动；按下电磁阀"打开"按钮，相应的电磁阀打开曝气。

②自动启动

风机控制界面上"工作状态"处于绿色"停止"，这时单动控制是灰色的，不可操作曝气系统；按控制程序，按顺序控制启动高压鼓风机；按控制程序，按顺序控制切换电磁阀。

（3）高压鼓风机的停止

①单动停止

风机控制界面上"工作状态"处于红色"工作"，按下风机"停止"按钮，高压鼓风机停止。

②自动停止

风机控制界面上"工作状态"处于绿色"停止"，曝气系统投入自动控制状态；按控制程序，高压鼓风机下的电磁阀曝气完成后自动停止；当达到设定的下次启动时间间隔后自动启动。

（4）曝气控制方式

曝气量通过控制曝气时间来实现。根据发酵堆体需氧情况对曝气系统进行设置，曝气时间一般设置为 10～30分钟/次。曝气过程为分段间歇式循环曝气，以典型发酵区曝气为例，曝气分区见图 6‑58 所示。

1#发酵槽	2#发酵槽	3#发酵槽	4#发酵槽
1-A	2-A	3-A	4-A
1-B	2-B	3-B	4-B
1-C	2-C	3-C	4-C
1-D	2-D	3-D	4-D

图 6‑58　典型曝气分区

每台风机可对不同曝气槽同一段（或A，或B，或C，或D）进行曝气。鼓风机启停由阀门控制，每次仅开启对1条槽的一个阀门，对其中一段进行曝气。根据发酵堆体需氧情况设置曝气时间，每段曝气完成后，阀门全部关闭，等待下一循环曝气。以 A 段曝气过程为例，曝气时间为 20 min，间隔时间为 40 min，则曝气循环周期为 120 min。

第四节　异位发酵床粪污处理

一、环境恶臭气味削减

1. 环境恶臭管控范围

（1）养猪场区

应通过控制饲养密度、加强舍内通风、采用节水型饮水器、及时清粪、绿化等措施抑制或减少臭气的产生。机械刮粪或人工干清粪的卸粪接口及固液分离设备等位置宜喷淋生化除臭剂。

（2）异位发酵舍

各工艺单元宜设计为既相对密闭又可通风透气，减少恶臭对周围环境的污染。有条件的养猪场宜建恶臭气体集中处理设施，无害化处理后达标排放；排气筒高度不得低于 15 m。

2. 恶臭污染物排放标准

养猪场及异位发酵舍恶臭污染物的排放浓度应符合《畜禽养殖业污染物排放标准》（GB18596—2001）的规定。但标准中对臭气物质和浓度没有具体数量指标的规定，只有感官判断标准，规定了臭气排放标准为 70，即排放气体经过干净无臭空气稀释 70 倍，感官上嗅不出臭味。主要臭气成分 NH_3、H_2S 有一定的特征和限值，其嗅阈值和臭气特征见表 6-10。

表 6-10　　　　　　　　　NH_3 与 H_2S 的嗅阈值和臭气特征

检测指标	嗅阈值/ppm *	臭气特征
NH_3	1.5	强烈刺激性臭味
H_2S	0.000 41	臭鸡蛋味

* ppm 为非法定计量单位。在标准状况下，1 ppm＝$M/22.4$（mg/m³），M 为物质的量。

3. 臭气检测方法

在养猪场异位发酵床使用，可选用在市场上销售的便携式电子检测仪产品进行简易检测，这些产品的价格从几百元至几千元。氨气和硫化氢的最低检测限值一般为 1 ppm（图 6-59）。

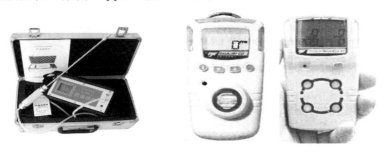

图 6-59　便携式氨气/硫化氢电子检测仪

4. 除臭方法

异位发酵床在处理猪场粪污过程中有一定的废气挥发，易扩散到大气中。因此，臭气必须进行处理，臭气处理后其污染物浓度指标达到《恶臭污染物排放标准》（GB14554—1993）。

臭气的控制主要使用以下几种措施：①堆肥过程优化控制技术；②分析调查臭气产生的来源；③设施封闭及臭气的收集；④臭气的处理；⑤残留臭气的有效稀释扩散。

发酵过程的优化控制技术包括制定合适的辅料混合比，调节碳氮比；保持混合物料合理的孔隙度，以保障通气；抑制堆体中产生厌氧发酵的条件，使槽内微生物代谢充分；必要时可在起始物料中添加生石灰调节堆体 pH，以降低臭气排放量。

目前臭气处理的方法主要有物理吸附、化学洗涤、生物过滤，以及基于热化学原理的热处理等。物理和化学方法可参考第四章畜禽粪便堆肥场所污染物治理方法；也可采用臭氧除臭仪/器（图 6-60），该产品系北京农林科学院研制，其外观尺寸及技术参数为：直径 800 mm、高度 318 mm、吊杆长度 460 mm；工作电压 220 V，频率 50 Hz，功率 290 W

（加温时总功率 1290 W）；具有产生臭氧、灯光诱虫、杀菌、除臭和灭虫等功能；每台使用的有效面积为 600～1000 m²。

图 6‑60　异位发酵床智能除臭器

二、注意事项

1. 确保粪水浓度

（1）确保猪场粪污源头减量措施真正落实到位，保证粪水中有机质有效浓度含量。要求粪水中猪粪含量不少于 12.5%；禁止使用经过沼气发酵后的沼液喷淋于发酵槽。浓度越高发酵效果越好，处理能力越强；当粪水浓度过低时，处理能力急剧下降，甚至会出现死床。因此，养猪场要密切记录各个功能区的生产用水量，严禁水量超标。

（2）严格控制各种猪场每日粪水量。我们的经验是：专业化育肥猪场，存栏猪每头日产粪水量不超过 8 kg（包括粪、尿液和清洗水）；自繁自养猪场每出栏 1 万头日产粪水量不超过 45 m³（包括粪、尿液和清洗水）；种猪场（以基础母猪计）存栏母猪每头日产粪水量不超过 20 kg。

2. 严格操作规范

（1）建立异位发酵舍环境管理制度。包括发酵舍屋顶牢固性、避风躲雨设施、通风透气设备等的巡查，严防雨水进入发酵槽内和发酵舍水汽滞留漏入发酵槽。渗沥液集中收集后，可作为发酵辅料原料的水分调节，每天应及时将渗沥液导入异位发酵槽与槽内物料混合，切忌长时间滞留。

（2）建立发酵槽物料温湿度日常监测制度。指定专人长期固定每天对发酵槽堆体内部温湿度进行监测，并做好记录，以及时发现异常现象。确保发酵槽堆体含水率为 50%～60%、温度为 55 ℃～60 ℃。

3. 发酵异常处理方法

（1）物料堆体温度较低（长期低于 50 ℃）。

原因一：有机质浓度低，营养不够。

措施：补充异位发酵促进剂、补充营养源（玉米粉、麸皮、米糠等）、控制粪水浓度、添加新鲜猪粪。

原因二：水分过大，含水率过高。

措施：停止喷淋粪污，一天翻一次；补充新鲜辅料。

原因三：没及时补充发酵菌剂。

措施：应每月添加菌种，添加量为 20 克/（月·米^3），同时补充玉米粉，添加异位发酵促进剂。

原因四：外界温度过低，夜间未做好保温措施。

措施：当环境气温低于 10 ℃时，应及时拉下卷帘保温。

（2）辅料床渗滤液过多。

原因一：喷淋量过多。

措施：需要马上减少喷淋量，及时添加辅料以调节湿度。

原因二：谷壳与锯末比例失调，谷壳偏多。

措施：补充干燥的菌菇棒或锯末，同时可以适当添加异位发酵促进剂及发酵菌剂。

（3）辅料短时间内发黑、发臭。

原因一：物料含水率太大，导致厌氧菌大量繁殖。

措施：立即停止喷淋；清槽更换辅料。

（4）翻抛时氨味渐浓。

原因一：如氨味少，属正常现象。

原因二：如氨味太浓，可能是通气量不足。

措施：增加翻耙次数，或者通过曝气系统增加通气量。

原因三：菌种没有及时添加。

措施：按 20 克/（月·米^3）的添加量及时补充。

三、异位发酵床处理猪场粪污效果

1. 发酵效果评价内容

物料发酵效果规范化的评价方法、内容很多，也很复杂，养猪场户难于操作，通常采用以下简易方法进行评价。

（1）外观：褐色或黑褐色。

（2）气味：无臭味。

（3）手感：松软、不黏手。

（4）质量指标：水分 45% 以下。

2. 生物安全性评估

在生猪养殖过程中，通常会添加 Cu、Zn 等微量元素用来促进生长，使用抗生素用来治疗和预防疾病，而 90% 以上的 Cu、Zn 和 30%~80% 的抗生素不能被生猪机体吸收而随粪便排出体外，诱导环境中抗生素及重金属抗性基因的产生，不仅污染环境，还对人类的健康造成威胁。多个研究报道已经表明，高温堆肥是有效去除抗生素、钝化重金属的有效手段。因此，国内科研单位已经开发出针对猪粪堆肥发酵的复合功能微生物菌剂，利用高温腐熟微生物的高温特性延长堆肥高温发酵时间，以此达到大幅度削减抗生素及其抗性基因、钝化重金属、杀灭病原菌的目的。

腐熟物料的生物安全性是业界人士共同关注的焦点，中国农业大学李季教授研究表明，养猪场致病性病原体经堆肥发酵后，在一定时间内均可起到杀灭失活的效果（表 6 - 11）。由于异位发酵床槽体内的温度常年处在高温状态（50 ℃~60 ℃），因此有足够的时间杀灭所有的致病性病原体。谭小琴、邓良伟、李瑞鹏、Shuchardt 等验证了粪水堆肥的可行性和安全性。邓良伟利用秸秆处理养猪场粪水的试验表明，发酵温度符合《粪便无害化卫生标准》（GB 7959—1987），且蛔虫卵 100% 被杀灭。

表 6‑11　　　　　　　　猪场固态粪便堆肥对病原体杀灭所需时间

病原体	死亡所需时间	病原体	死亡所需时间
沙门伤寒菌	55 ℃～60 ℃，30 min 内死亡	血吸虫卵	53 ℃，1 d 死亡
沙门菌属	56 ℃，1 h 内死亡	蝇蛆	51 ℃～56 ℃，1 d 死亡
志贺杆菌	55 ℃，1 h 内死亡	霍乱产弧菌	65 ℃，30 d 死亡
大肠埃希菌	绝大部分 55 ℃，1 h 死亡	炭疽杆菌	50 ℃～55 ℃，60 d 死亡
阿米巴	50 ℃，3 d 死亡	布氏杆菌	55 ℃，60 d 死亡
美洲钩虫	45 ℃，50 min 内死亡	猪丹毒杆菌	50 ℃，15 d 死亡
流产布鲁菌	61 ℃，3 min 内死亡	猪瘟病毒	50 ℃～60 ℃，30 d 死亡
酿脓链球菌	54 ℃，10 min 内死亡	口蹄疫病毒	60 ℃，30 d 死亡
化脓性细菌	50 ℃，10 min 内死亡	蛔虫卵	55 ℃～60 ℃，5～10 d 死亡
结核分枝杆菌	66 ℃，15～20 min 内死亡	钩虫卵	50 ℃，3 d 死亡
鞭虫卵	45 ℃，60 d 死亡	蛲虫卵	50 ℃，1 d 死亡

　　科学表明，1 kg 生物质瞬间完全燃烧释放约 1.5 万千焦热能，如果缓慢氧化也会释放相同的能量。以粪水原料为发酵主料的异位发酵床技术主要利用有机物料吸附粪水，通过好氧发酵在实现粪水的稳定化和无害化基础上，利用发酵过程中形成的生物热降低发酵物料中的含水量，从而实现粪水的蒸发浓缩减量化。同时，利用微生物活动将有机物料进行稳定化，并在发酵过程中形成高温（55 ℃～60 ℃）杀死病原微生物，实现粪便的无害化，最终实现猪场粪水零排放，同时回收有机肥资源，不仅无害化效果好，而且生物安全性和资源化利用率高。

　　3. 腐熟物料的利用

　　对于腐熟物料要作为产品使用还应根据用途和市场需要进行后处理，可以经过高温堆肥二次发酵后，制成有机肥料使用，实现资源化利用。养殖场可在腐熟的物料里添加理化调理剂、微生物菌剂等来制作不同用途的产品，包括栽培基质、土壤改良剂等，提高肥效和综合效益。堆肥包括粉碎、筛分、配料和包装等工艺。

使用时间较久的腐熟物料，其中含有高浓度的有机碳和营养素，传导率，Cu、Zn 的含量也更高（Tam 等，1993）。发酵不成功的物料循环回收利用于农业土壤中，会产生危害植物的毒性物质，影响种子发芽、农作物的生长（Turner 等，2000）。在生猪养殖过程中，为了防治疾病、提高饲料利用率和促进生长，在饲料添加剂中添加铜、铁、锌、锰、钴、硒、碘等中微量元素，由于这些重金属元素在动物体内的生物效价很低，大部分随畜禽粪便排出体外，故畜禽粪便中往往含有大量的重金属，从而增加了农用畜禽粪便污染环境的风险，因此，作为加工有机肥原料或直接作为土壤改良剂前应进行检测分析。2018 年 10 月，福建省农科农业发展有限公司对福州、宁德、漳州等地连续运行 16～18 个月的发酵物料取样，经福建省农产品质量安全检验检测中心（漳州）分中心分析后，结果显示，所有质量指标（其中 As、Hg、Cd、Pb、Cr 含量远低于限定指标）均符合《有机肥料》（NY525—2012）规定要求。

第七章　源头精准减排与配套技术

第一节　源头精准减排原理与方法

　　农业农村部《畜禽粪污资源化利用行动方案（2017—2020 年）》明确提出坚持源头减量、过程控制、末端利用的治理路径，全面推进畜禽养殖废弃物资源化利用，加快构建种养结合、农牧循环的可持续发展新格局。到 2020 年，建立科学规范、权责清晰、约束有力的畜禽养殖废弃物资源化利用制度，实行以地定畜，构建种养循环发展机制，畜禽粪污资源化利用能力明显提升，全国畜禽粪污综合利用率达到 75％以上，规模养殖场粪污处理设施装备配套率达到 95％以上，大规模养殖场粪污处理设施装备配套率提前一年达到 100％。

　　欧美国家在畜禽粪污资源化利用方面具有十分成熟的技术和装备。以养猪业为例，欧美国家一般采用水泡粪工艺，猪粪尿直接进入漏粪板下方的水泡粪池，充分发酵后直接用于种植，施肥面积与养猪数量严格配套，做到种养平衡。水泡粪工艺一般而言并不需要采用污水源头减排措施，而是利用水来稀释、溶解高浓度的粪污及产生的有害气体，避免有害气体逸出进入猪舍，对猪群产生不利影响。这一方案经过多年的发展，技术已日趋完善。在施肥季节，一般按测土施肥标准，一次性将水、粪、尿通过大型施肥机械泵送到农田利用即可，不仅消纳了粪污，而且节省了化肥。该方案具有实施方便，环保投资成本低，实现营养元素生态循环利用，经济效益高的特点。

　　近年来，该方案也在国内得到了快速推广。其中有成功的案例，比如牧原食品股份有限公司在种养平衡方面就积累了很好的经验。但对于其他很多公司，实现有效的种养平衡仍然困难重重。究其原因：欧美国家一般土地私有，且猪场周边具有广袤而且平整的土地，这些土地往往为一个农场主所有，田地所有权与猪场所有权相一致，或者两者能形成一个利益共同体。猪场内部的粪污经过一段时间的积累后，能够非常方便地泵送到田地，就近消纳，用于种植作物。但这一情况在我国却存在很大的不同：①除几大平原地区外，大部分地区都是丘陵地带和山区，土地不平整，难以实现大型机械的施肥作业；②土地性质为集体或国家所有，周边土地多个家庭分散承包，土地使用权分散，土地碎片化现象难以协调；③每一户对于田地的种植计划以及施肥方案不一致，种植结构变化大，统一施肥困难；④早期的不合理施肥导致农作物受损，农户对粪污施肥的信任度不高，需要长时间地培养施用粪污肥料的习惯；⑤养殖企业缺乏对农户施肥地技术指导，测土配方施肥技术力量不足，不合理施肥现象普遍。

在这一背景下，通过源头减排措施，采用最少的土地来消纳养殖场的粪污，减低粪污资源化利用的难度是做好粪污的资源化利用的必要条件。猪场的固态粪污和液态粪污均为养殖污染源，但是两者的成分与处理方法不同。固态粪污主要为猪的粪便，其主要成分为蛋白质、脂肪、微生物、无机盐以及未消化完全的纤维素类物质。而液态粪污则主要由小量溶解于水的粪便、可溶性无机盐、尿素、尿酸等组成。在处理方法上，固态粪便肥效高，一般采用好氧堆肥处理，适宜制作有机肥，固体粪污运输方便，既能远距离运输，又能产生较好的经济和社会效益，所以猪场的固体粪污一般不构成污染源。液态粪污量大，肥效相对较低，主要以氨、氮为主，运输不方便，一般不适合远距离输送，因此液态粪污一般是经过适当处理后达标排放或利用猪场周边土地进行还田消纳。降低液体粪污的排放量为猪场就近进行液态粪污还田利用处理提供了方便。

第二节　源头精准减排技术与工艺

粪污的资源化利用是解决畜禽养殖污染的根本出路，但如何保证畜禽粪污能够得到有效的资源化利用，是需要解决的科学问题。鉴于目前的现状，通过源头减排技术，降低粪污资源化利用的难度，是解决粪污资源化利用的有效方法之一。源头减量是所有粪污治理措施有效实施的关键，需要从饲料配制、猪舍设计及污水减排等多个方面采取措施。以湖南大湘农环境科技股份有限公司为例，源头减排技术可以分为两个方面：

一、优化饲料配制技术，实现饲料源头减排

1. 微量元素减排技术：在饲料配制过程中，采用优质有机螯合微量元素，减低铜、锌及其他微量元素添加剂量，并且要避免其他有害元素如汞、镉、砷等的污染。

2. 采用氨基酸平衡日粮设计方案，适当减低饲料中蛋白质含量。

3. 在日粮中添加酶制剂，如植酸酶等制剂，降低磷等其他营养元素的添加量。

4. 添加益生菌制剂，提高饲料的可消化性能，提高胃肠道的吸收率，从而减低粪污中未消化营养物质含量。

5. 优化饲料的加工技术，提高饲料的利用效率。

通过对饲料配方和加工技术的优化，可以有效降低饲料营养成分添加量，提高动物的消化吸收效率，从而降低粪便中的剩余营养成分，起到源头减排的效果。

二、污水源头减量技术

当一个猪场的猪群数量固定时，其排粪量和排尿量是固定的。减少液态粪污的途径有两个：一是减少猪饮水时的浪费，当前的鸭嘴式饮水器在

猪饮水时浪费严重，目前减少猪饮水浪费的主要措施是采用防溅水的饮水碗；其二是减少冲栏、冲粪的用水量。在猪舍设计时，采用免冲栏技术，粪沟内粪便的清理推荐采用粪尿自动分离的刮粪板机械干清粪工艺设计。对于周边有大量土地可以消纳液态粪污的猪场，也可以采用水泡粪工艺。通过这些设计，基本上可以将猪场液态粪污的产生量降低80%以上。污水的源头减排，需要从猪舍设计起初即开始规划，全面考虑养猪过程的污水排放与后续的污水处理过程。其关键性的措施有以下几个方面：

1. 优化猪舍结构。从猪场设计起初就全面考虑生猪养殖过程的污水排放与污水处理问题。新建猪场建议采用正负零向上架空层设计，架空层高度在南方可以为 $1.5 \sim 2.0$ m，中部地区 $1.2 \sim 1.5$ m，北方地区 $0.8 \sim 1.2$ m。采用漏粪板＋机械干清粪模式，避免水冲粪模式，做到雨污分离、清污分流；猪场在设计建设时，必须做到严格的雨水与液态粪污分离，防止雨水进入液态粪污管道。以湖南为例，年降水量在 1500 mm 左右，一个万头猪场，猪舍建筑面积大约在 10000 m^2，如果未能做到雨污分离，屋檐水进入液态粪污中，将增加 1.5 万吨左右的污水量。为了降低猪场的污水处理量，必须做到雨污分离，而且液态粪污管道全封闭，粪污管道可采用 PVC 管道，安装方便，不漏水。每隔 $10 \sim 20$ m 建立一个沉淀池，沉淀池必须高出地面，并采用水泥盖板封闭，防止老鼠进入、蚊虫滋生。

图 7-1 为湖南大湘农环境科技股份有限公司设计的标准化育肥猪舍结构示意图。该猪舍设计的优点在于：①猪舍饲养层从平地抬高到 1.5 m，形成架空层，保证猪舍干爽；②清粪方式采用 3/4 漏粪板＋机械自动清粪模式，实心地板布置在猪栏中间，比例为 1∶4，能够保证良好的卫生条件，猪舍无需人工清洁即可保证良好的卫生状态，做到养殖全程免冲栏（图 7-2、图 7-3）；③猪舍下层设置有三条负压风道，新鲜空气从吸顶通风窗进入猪舍，从上至下，穿过漏粪板，从风道排出猪舍，该方式只要保证最低的通风量即可保障猪舍内部优良的空气质量，显著降低猪舍内部有害气体浓度，猪群健康水平大幅上升。

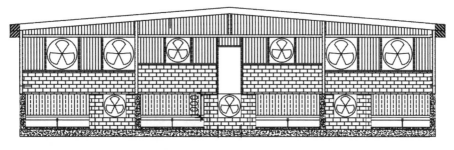

图 7-1　湖南大湘农环境科技股份有限公司的标准化育肥猪舍结构示意图

图 7-2　粪道下方的机械平板刮粪系统

图 7-3　育肥猪舍内景

2. 采用节水饮水系统。改变传统的鸭嘴式饮水器，采用气压阀式饮水系统，并且安装溢流孔（图 7-4），采用带溢流孔设计的节水饮水器，避免猪群喝水浪费和水位阀故障；日常管理中，注意检查水管及饮水系统，防止饮水系统的跑、冒、滴、漏水现象的出现。

3. 采用集中式高压清洗系统。除采用免冲栏技术、节水饮水系统外，防止液态粪污产生的另一措施是采用高压清洗系统。猪场栏舍在空栏后必须彻底清洁，制定科学的清洗制度。采用高压清洗机进行栏舍清洗，能够显著降低用水量，而且清洗效果更好。在清洗时，为了降低液态粪污量，降低液态粪污中的 COD_5 等指标，需要采取科学的操作程序，能够显著降低洗栏用水量，具体方法为：

（1）猪群转移出去后，及时采用人工干清扫的方法清除栏舍残留的猪

畜禽粪便资源化利用新技术

粪，防止过多的固体粪污进入污水系统。

（2）采用小量水将栏舍及地板表面全面喷湿，软化粪污，软化时间在2~4 h。粪污软化后更容易冲洗，能够显著降低后续的清洗时间和用水量。

（3）采用高压冲洗机进行彻底冲洗，要求物见本色，不留死角；空栏清洗的时候用高压清洗方法，将固态粪污清理后，用水（添加去污剂）将栏舍污染表面浸润一遍，间隔1~2 h后，再用高压清洗设备进行清洗。采取科学的节水措施，

图 7-4　带溢流孔的节水饮水系统

可以有效地将污水排放量较传统水冲粪猪场减低80％~90％。

（4）喷洒消毒液进行消毒，消毒结束后再采用高压清水冲洗残留消毒药剂，再进行空气甲醛熏蒸或臭氧机空气消毒，干燥备用。

采用该程序对栏舍进行清洗，不仅能够节约清洗时间，而且能够较传统方法减少50％以上的清洗用水，并且污水中的有机物量也显著减少。

第三节　源头精准减排经济指标与效益分析

一、降低猪场总用水量

污水源头减排猪舍在整个猪的饲养肥育期间，由于不需要冲洗栏舍，带水位阀和溢流孔的饮水碗也有效地避免了鸭嘴式饮水器漏水的问题，所以用水量主要来自猪只的饮水用量，总用水量会显著降低。而传统猪舍用

水量一般包括猪只的饮水量、冲洗用水及猪只在饮水时的浪费量。以 2016 年实测数据分析如下：

整个饲养期内，共饲养生猪 934 头，死亡 21 头，25 日龄进入猪舍，共饲养天数为 153 d，总用水量为 650 t，总污水排放量为 185 t。猪舍污水排放量甚至远远低于猪群的排尿量，其主要的原因是一部分水混入猪粪，另外大部分污水在猪舍内部由于空气的流动蒸发进入空气，从而使污水的排出量远远小于猪群的排尿量。

二、降低污水日排放量

传统的一个自繁自养的万头猪场，如果采用水冲粪工艺，每天产生的污水量为 150 t 左右；采用水泡粪工艺，每天的污水量为 60 t 左右；而采用节水设计，机械干清粪工艺的万头猪场，每天产生的污水量可以控制在 30 t 以内。采用节水措施和干清粪工艺的猪场的液态粪污产生量仅仅是传统猪场的 20% 左右，差距非常惊人。

三、有效改善猪舍内部的卫生状况

采用污水源头减排技术不仅减少了日用水量和污水排放量，而且在实践过程中发现猪舍内部卫生状况得到了显著改善。传统猪舍由于饮水飞溅以及冲洗栏舍等，造成猪舍内部空气湿度大，地板污浊。而源头减排猪舍内部空气干爽，地板干净卫生，猪群健康良好。

四、降低粪污资源化利用难度

采用干清粪工艺不仅能够显著降低猪场液态粪污的排污量，而且液态粪污中的各项水质指标也显著降低。祝其丽等对不同清粪方式产生的液态粪污中水质指标进行了分析，发现干清粪工艺产生的污水各项指标均显著低于水泡粪和水冲粪工艺产生的污水水质指标（表 7-1）。较低的有机物含量和较少的液态粪污污水量，使猪场的污水处理难度和污水处理成本均显著减低。由于采取了节水措施和高效固液分离措施，液态粪污量显著下降，而且其液态粪污中固态有机物的含量也显著减少，便于后续处理。发酵过程中出现的堵塞、结渣、结壳现象将显著减少，沼渣量也显著减少，这有利于发酵池的日常维护。通过发酵处理的污水经过沉淀后，可以通过污水泵及管道直接输送到田地用于作物或牧草种植。

表 7-1　　　　　　　不同清粪方式对液态粪污水质指标的影响

项目	水冲粪/（mg/L）	水泡粪/（mg/L）	干清粪/（mg/L）
COD_{Cr}	6500~15000	5340~20000	1000~7600
BOD_5	3300~10000	3312~12000	700~4100
NH_3-N	600~1200	516~1500	434~610
TN	800~1500	805~1800	481~730
TP	204~600	59~130	43~220

我国绝大部分猪场在设计建设之初，缺乏节水设计思维，单纯地寄希望于后续的污水无害化处理设施。而专业的污水处理公司也仅关注污水处理这一个环节，并不会主动考虑污水产生的原因与过程。这种情况导致污水产生环节与污水处理环节的信息完全脱节。其结果就是我国大量的环保项目资金虽然投入到猪场，但是采取的污水处理措施无法满足污水处理的需要，而且高昂的污水处理费用也非一般猪场所能承受。

液态粪污资源化利用的最为关键的因素就是猪场周边具有足够面积的土地用于猪场液态粪污的消纳。当猪场周边没有足够的土地用于消纳液态粪污，则会造成环境的污染。因此，在建场之初，就需要根据猪场的规模、清粪方式、液态粪污的厌氧发酵水平等因素，估算出猪场每年液态粪污中氮、磷、钾等主要元素的总量，并且根据当地主要作物或牧草的年需要施肥量的标准来确定所需的土地面积。由于作物施肥的季节性，猪场还需要修建足够大的液态粪污的储存池。沼液的储存池必须做防渗透处理，否则大量的沼液会渗透到地下，造成地下水严重污染。

猪场粪污还田消纳需要考虑的主要营养元素是氮、磷、钾等，在生产实践中，在不考虑作物、品种、土壤等条件下，农作物一般氮、磷、钾施肥比例为 $N：P_2O_5：K_2O=1：（0.40\sim0.50）：0.25$。猪场沼液中总氮含量一般远高于总磷含量，因此猪场沼液中的氮元素较磷和钾元素更容易出现超过土地承载量的情况，因此在估算猪场需要多少面积的土地来消纳沼液时，通常是采用总氮量来作为土地消纳粪污的限制性参数标准，沼液中氨-氮含量通常占总氮的比例为 $70\%\sim90\%$，在以氨-氮计算时要结算成总氮量。猪场在估算土地时，需要依据猪场的日产液态粪污量、沼液氨氮浓度、作物的每茬氨-氮施用量等参数来进行综合考虑，并要修建足够大的沼液储存池，以备作物非施肥季节的储备所需。

猪场沼液消纳所需的土地面积可按如下方法进行粗略估算：

$$土地面积（hm^2）=\frac{（沼液年氨-氮总量\div80\%）}{作物每公顷需氮量}；$$

或土地面积（hm^2）＝沼液年总氮量/作物每公顷需氮量面积。

猪场日产液态粪污量以及沼液氨氮浓度与清粪工艺、固液分离工艺、厌氧发酵水平等环节密切相关。不同的清粪工艺中，液态粪污量以及沼液氨氮浓度有显著差别。下面以一个年出栏 10000 头的商品猪场为例，不同清粪工艺条件下，沼液中年氨氮总量见表 7-2。

表 7-2　　　　万头猪场不同清粪工艺条件下沼液中年氨-氮总量

清粪工艺	日产液态粪污量/t	年液态粪污量/t	沼液氨-氮浓度/（mg/kg）	沼液年氨-氮总量/t
水冲粪	150	54750	900	49.28
水泡粪	60	21900	1008	22.08
干清粪	30	10950	522	5.716

作物每公顷需氮量与作物的品种、栽种季节、土壤的基础肥力、作物轮作方式、栽种技术等方面密切相关。表 7-3 列出了不同作物和牧草的平

均需氮量。由于作物施氮量与土地的基础肥力关系密切，不同地区的土壤肥力差异巨大，最适合的施氮量还需要根据当地土壤肥力的实际情况来综合考虑。具体可以参考当地农技部门公布的测土配方施肥参考表。表 7-3只是根据已有的研究报道数据，提供一个调查平均值，仅作为猪场粗略估算土地面积时的参考。

表 7-3　　　　　　　　　　不同作物和牧草平均施氮量

作物品种	施氮量/（kg/hm²）	牧草品种	施氮量/（kg/hm²）
水稻	205.6	杂交象草	1000
小麦	185.7	黑麦草	500
玉米	196.3	紫花苜蓿	103.5
薯类	80.2	苏丹草	492.3
豆类	44.2	鲁梅克斯	600
油菜	175.9	墨西哥玉米	600
花生	117.7	皇竹草	1440
蔬菜	304.4		
甘蔗	360～675		

注：1) 作物施氮量为每茬施氮量；2) 牧草施氮量中杂交象草、皇竹草为全年施氮量，其他几种为单茬施氮量。不同牧草刈割次数有所不同，施氮方式和次数也有所不同。

由表 7-3可知，在一个万头商品猪场，如果采用"单季水稻—油菜"轮作的方式，则每公顷土地年施氮总量大约在 205.6 kg＋175.9 kg＝381.5 kg，如果采用"早稻—晚稻—油菜"轮作的方式，则每公顷土地年施氮总量大约在 205.6 kg＋205.6 kg＋175.9 kg＝587.1 kg。可依据公式粗略估算出猪场消纳液态沼液的土地面积为：采用水冲粪、水泡粪和干清粪工艺的猪场，如果采用"单季水稻—油菜"轮作的方式，则至少分别需要土地 161.45 hm²、72.35 hm²、18.73 hm²；如果采用"早稻—晚稻—油菜"轮作的方式，则至少分别需要土地面积为 104.93 hm²、47.01 hm²、

12.18 hm²。

如果采用牧草种植来进行沼液消纳，在常见的牧草品种中，紫花苜蓿等豆科植物，其根瘤菌固氮功能强，施氮量较低。其他非豆科牧草品种每公顷施氮量均远远高于农作物，其中杂交象草年施氮量可达 1000 kg/hm²，黑麦草单茬也可达 500 kg/hm²，如果与苏丹草进行轮作，其年施氮量也可达 1000 kg/hm²。猪场如果采用牧草进行沼液消纳，由于每公顷牧草的施氮量远远高于作物，可以显著地降低所需土地面积。以种植杂交象草为例，采用水冲粪、水泡粪和干清粪工艺的万头猪场，分别需要土地 61.6 hm²、27.6 hm²、7.15 hm² 进行沼液消纳。

以一个年出栏 1 万头猪的规模猪场为例，占地面积一般在 200 亩左右，建筑面积 10000 m² 左右，猪场空余土地面积为 185 亩左右，合 12.3 hm² 左右。由此可知，采用干清粪工艺的万头猪场，利用猪场空余土地种植牧草即可将沼液进行消纳。种植的牧草可以补充部分饲料饲喂母猪，能够显著提高母猪健康水平，富余部分可以出售用于饲喂牛、羊、鹅等草食动物，做到真正意义上的循环农业经济。

猪场在选择种植品种时，需要考虑当地的自然资源条件、种植习惯、特色优势作物等因素，因地制宜，灵活选择。可以优先选择耐肥力强、生长迅速、管理方便的叶类蔬菜或饲草进行种植，具有管理简单、容易进行大型机械化采收作业、节省人工成本的优点。种植的青绿饲料可以通过打浆机打浆后按一定比例添加到饲料中饲喂妊娠母猪群，不仅能够节省部分饲料，而且有利于猪群健康，提高肉品质量。猪场剩余的饲草也可以出售给其他养殖场来饲喂牛、羊、鹅或鱼等草食动物，有条件的地方也可以发展果蔬种植或与果蔬种植企业合作，开发绿色有机农产品。湖南常德一猪场利用周边的田地种植南瓜，再将南瓜切碎煮熟来代替部分精饲料，饲料适口性好，极大地节省了养殖成本，生猪出售价格高，取得了不错的经济效益。

生活水平不断提高，人们对于猪肉的质量安全和口感有了更高需求，近年来本土品种及采用生态养殖的猪肉市场需求快速增加，生态土猪饲料也由目前单纯的"玉米—豆粕"型日粮向"玉米—豆粕—杂粮"型日粮转变，猪场可以充分利用周边的土地和沼液资源，种植青绿多汁的蔬菜、南瓜、红薯等作物，生产高质量的有机猪肉产品。不仅猪肉质量好，而且生产成本低，这是今后养猪产业差异化发展的另一个重要方向。

第八章　微生物巢畜禽粪污处理原理与技术

第一节　微生物巢畜禽粪污处理工艺流程

为有效处理种植养殖废弃物，尤其是畜禽粪污，降低环境污染，促进我国养殖业可持续健康发展，由中国工程院印遇龙院士和欧洲科学院张友明院士领衔，山东大学国家微生物技术重点实验室、山东省种养废弃物处理与资源化工程实验室、山东亿安生物工程有限公司生物研究所合作参与的联合技术团队，针对水泡粪的难题，经多年技术攻关，研发出粪水处理零排放的生态处理技术——微生物巢技术，它可以在畜禽养殖过程中有效地降低乃至消除粪污的恶臭，减少畜禽产生的粪便以及带来的相应污染，并且通过粪污的资源化处理，达到理论上的零排放。

一、微生物巢技术原理

微生物巢技术是一种以微生物发酵原理为核心，利用多种微生物发酵过程中生长代谢方式的多样性，实现畜禽粪污无害化、减量化、资源化的生态处理技术。它以蜂巢为基本模型，主要利用农业种养废弃物如锯末、稻壳和作物秸秆等为基础垫料（碳源），粪便、粪水（氮源），在适宜 C/N 比条件下，通过添加的专用高效复合功能性有益微生物菌剂（CM 复合微生物），在生长代谢过程中，产生的多种水解酶的复合分解作用，消耗畜禽粪污中的大分子有机物，并将这些大分子有机物转化为容易被作物吸收和利用的小分子营养物质，整个过程无需固液分离，实现高浓度养殖粪水的零排放和无害化处理。

微生物巢技术利用光合细菌群、酵母菌群、枯草芽孢杆菌群、放线菌群、硝化细菌、反硝化细菌等多个生理菌群，通过多菌种间的互利共生，利用微生物的生理代谢，在其生长代谢过程中将特定环境中的有害成分作为自己生长的养分，将具有臭味的物质加以转化利用，转为菌体、二氧化碳和水等其他低污染无臭味的物质，从源头上减少 NH_3、H_2S、VFA 等恶臭气体的产生，消除粪水臭味，从根本上改善空气质量。同时，多菌种能压制其他细菌的生长空间，令其他杂菌难以生长繁殖，并且逐渐降解有机质，有效消减畜禽粪污的恶臭和进一步资源化利用畜禽粪便。在微生物巢中，当加入适量的畜禽粪污后，在多种功能性微生物代谢合成分泌的多种水解酶的分解作用下，畜禽粪污中的大分子有机物，被逐渐降解转化成腐殖酸、氨态氮和硝态氮等易于被植物吸收的营养物质，同时发酵过程中释放出大量热能，所产生的热量使物料升温，发酵最高温度可达到 75 ℃，而发酵产生的持续高温又能有效杀灭病原菌，经过微生物巢内各种微生物发酵过程中的持续性分解，大量畜禽粪便和粪水被微生物有效处理，使粪污中的各种有机物分解，整个发酵床看起来就像一个巨大而蓬松的蜂巢，从而实现了养殖场粪污的持续清理转化，有效削减了畜禽粪污的污染。这一发酵过程中，需要注意保持微生物巢的活性，辅助采用现代翻抛技术进行翻抛，把粪污均匀喷洒到微生物巢的反应堆上，通过翻抛机的翻拌，促进微生物巢内部水分以水蒸气的方式自然蒸发水汽，维持微生物巢系统中适当的水分含量，保持其系统的胶着性，使巢内微生物发酵过程中能量和物质达到一种动态平衡，最终制成处理畜禽粪水的微生物巢反应堆。当微生物巢活性降低后，整个微生物巢还可以作为有机微生物肥，通过配制成不同偏向类型的生物有机肥，供苗木、花卉和有机作物使用，实现养殖场粪污的持续清理，并最终通过粪污的资源化、无害化处理，达到理论上的零排放目标，从而实现畜禽养殖过程中废弃物和污染物的资源再利用和效益最大化。

　　经过在几家大型养猪场中的多次试验，该技术有效地解决了粪污处理难题，并生产出了优质生物有机菌肥，解决了长期以来畜禽养殖业这一棘手的污染问题，把养猪场变成了肥料厂，实现了粪污无害化处理和资源化利用。

二、微生物巢粪污处理工艺流程

　　微生物巢处理技术适用于畜禽牧领域的规模化养殖场，主要处理以水泡粪工艺为主的养猪场、奶牛场和肉鸭养殖场中的粪污结合，化学需氧量在 8000 mg/L 以上的高浓度粪污污水。微生物巢建设一般为地上式，与一般处理模式相比，没有特定地理条件和使用环境的限制，常设在养殖场内的空闲区、隔离区或规划建设的粪污无害化处理区域。

　　微生物巢技术整体建设和粪污处理工艺流程见图 8-1，图 8-2。

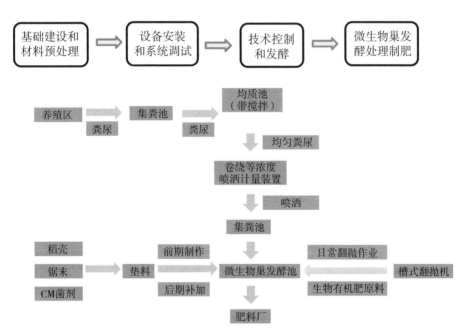

图 8-1　中央废弃物无害化处理与资源化利用工艺流程

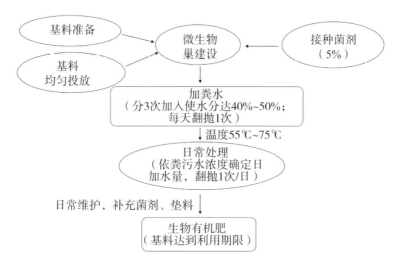

图 8 - 2 微生物巢技术工艺流程

三、微生物巢技术处理优势

微生物巢处理技术属于异位发酵床的范畴，在传统发酵床的基础上探索后，进行了改进和创新，按照一般养殖户传统的养猪模式，无需改造或拆建猪场，只需在畜舍外设立发酵区，将产生的粪污均匀喷洒在发酵床上，便能通过微生物发酵来降解畜禽粪污，实现污染零排放，同时又获得高质量的生物有机肥。微生物巢技术具有完全自主知识产权，截至 2017 年年底，相关技术在国内外公开文献中未见相同报道，处于国际先进水平，业已通过我国农业农村部科技成果评价。

微生物巢技术占地仅为传统发酵床的 1/3，整个工艺流程全自动，无需增加人工，粪水自动喷洒，自动翻抛，自动计量，保证操作的简便性和安全性，控制反应堆基料中有益菌始终处于优势状态，整个处理过程无异味，可一次性处理粪尿污水，无需固液干湿分离，且产物安全，无二次污染，粪水处理量达 $17\sim22$ kg/（$m^3 \cdot d$），粪水容量可根据粪便发热量、反应速率和氧化分解过程来确定，不仅解决了养殖过程中存在的污染问题，同时有效提高了粪污的资源化利用率，实现高浓度有机粪（化学需氧量>8000 mg/L）零排放，真正做到无害化、无污染和绿色循环零排放。

第二节　微生物巢畜禽粪污处理技术

一、微生物巢的建设

微生物巢为地上发酵池，每个处理单元一般宽 6 m，高 1.65 m，长 80 m，体积为 720 m^3（垫料按 1.5 m 计），日处理能力为 14 t。按照日处理能力可以设计单个或多个处理单元，每个发酵槽槽边用砖砌成，混凝土防渗地面，发酵槽两边设置翻抛机轨道，多个发酵槽需在两头设置移位机。制作墙体时，高度需按照翻抛机的高度要求进行制作，地面做好防水，采用阳光棚设计防雨设施，阳光棚棚檐高度不小于 5 m，结构形式宜为轻钢结构，建筑材料应采用防腐材料。屋顶应采用透光、防水材料，并设计一定量的透气窗，周边用保温隔热材料制成卷帘，以保证冬季保暖。微生物巢位于阳光棚的中部位置。

1. 设计原则

微生物巢方案的设计中不仅要选择先进的工艺流程、合理的技术参数，还要力求平面布局紧凑、简洁，最大限度地满足工艺要求。

（1）防渗技术

可根据实际要求设定，工程采用混凝土自防水等级为 S6，巢底板面、墙壁内侧面均刮 1∶2 水泥防水砂浆（厚 10 mm），巢底板部做防水层。

（2）设备防腐设计

为保证设备使用寿命，防腐是关键。设备刷涂防腐漆，并根据油漆脱落腐蚀情况，进行年度检修补漆。

（3）施工技术及安全措施

为确保施工的顺利进行，应先进行场地勘察，经全面的设计计算，确定支护方案和施工方法，方可进行微生物巢的整体建设工作，在架设防雨棚时，应特别注意高空作业的安全。

（4）供电负荷

项目总供电负荷 30 kV，电气设备的总体要求应遵循满足安全、可靠、节能、经济和实用等原则。供电电源 380 V/220 V，负荷等级为三级。微生物巢配电系统采用三相五线制，单相配电为三线制。动力配电及电缆敷设，微生物巢设配电柜，分别给各动力设备供电。

2. 设备方案

（1）翻抛机及移位机

翻抛机为通轴式，可提升，可正反向翻抛并具有快进快退功能，可快速移位。配有工业电子遥控器，可遥控操作。有效翻抛深度 1.5 m。若有多个处理单元，则需设置移位机，用于翻抛机的移位翻抛。

（2）卷绕式等浓度自动喷洒计量装置

卷绕式等浓度自动喷洒计量装置是固定在翻抛机上，分别固定在翻抛机的前、后两侧，卷绕式喷淋管是在污泥泵的作用下对粪污喷洒进行流量计量的设备，可以通过本装置更好地监控粪污的均匀定量喷洒。

（3）管线清管装置

管线清管装置是利用气动原理，将管线内的粪水残留物进行清理，防止北方地区冬季粪水在管线内结冰，影响管线的使用。

（4）电气、电路控制系统

电气、电路控制系统是控制整体设备的自动运行的装置，可以自动控制喷淋计量和翻抛，操作人员只需站在一旁使用工业电子遥控器遥控操作即可，大大降低了人工成本和操作风险。

（5）微生物巢监控仪器

温度计（0.5 m、1 m），快速水分测定仪，氨氮测定试纸。

3. 进度安排

基建建设方面，预期 3 个月基本建设成型，第 3 个月可以同步准备垫料及菌种，制作微生物巢，经初步的系统调试后可以正常连续运行（表

8 - 1)。

| 表 8 - 1 | | 进度安排 | | | | | |

序号	工程内容	第1个月	第2个月	第3个月	第4个月	第5个月	第6个月
1	基本建设						
2	垫料的准备及制作						
3	系统调试及试运行						
4	连续运行						

4. 技术方案

（1）垫料的选择

微生物巢垫料最好以稻壳、锯末以及当地农作物秸秆、下脚料等为主，价格低廉、供应稳定。单一物料无腐烂、无霉变、无污染、无异味、无生物安全隐患。垫料优先选择碳氮比高的原料做垫料，推荐使用稻壳和锯末，按照比例60％稻壳和40％锯末。稻壳在下，锯末在上铺设于发酵床内，也可以根据当地农作物产品配料进行合理搭配。

基础垫料主要是吸水性原料锯末和透气性原料稻壳，C/N 比最适控制在（25～50）：1，这样既保证了垫料的含水量，也保证了其透气性。

（2）菌种的选择

菌种的选择十分重要，既要在低温下能正常启动，又能在高温下保持活性，且不以消耗垫料为主，同时具有硝化细菌和反硝化细菌，能进行固氮作用及除臭作用。

本项目中拟使用山东亿安生物工程有限公司生产的 CM 微生物巢专用菌剂（以下简称 CM 菌剂）。CM 菌剂是亿安生物印遇龙院士工作站与山东大学国家微生物技术重点实验室联合开发的专用菌种。由假单胞菌类、硝化菌类、反硝化菌类、杆菌类、放线菌类、乳酸菌类、酵母菌类和芽孢杆菌类等60多种有益微生物复合培养而成的多功能菌群，具有共生共栖、固定氮源、脱硫除臭的作用。该菌种具有消耗垫料少，高温下活性强以及不易失活等特点（表8-2）。

表8-2　　　　　　　　　　　　　　基料选择

原料	透气性原料	吸水性原料	营养辅料	菌种	辅助调节剂
基料用量	40%～50%	30%～50%	0%～20%（视原料而不同）	视菌种类型不同而变	结合基料要求添加
比例　夏季	40～60 cm	20%～30%	20～30 kg/m³	0.3%～1 kg/m³	0%～3%
冬季	60～70 cm	30%～50%	30～50 kg/m³	0.5%～1.5 kg/m³	0%～3%

（3）微生物巢的发酵工艺

微生物巢建设好后，先将少量粪水均匀喷洒到垫料上，再按照每吨垫料使用50 kg复合微生物菌剂的比例均匀喷洒菌剂，并翻抛均匀。发酵48 h后其中心温度达到65 ℃～70 ℃时，微生物巢启动成功，可以正常运行。每立方米垫料每天可以消纳20 kg粪污（表8-3）。

表8-3　　　　　　　　　　　　　　发酵工艺

项目	指标	控制范围	检测方法
物化指标	水分	40%～60%	烘干箱法
	pH	5.0～9.0	酸度计法
	温度	中高温时期：55 ℃～75 ℃	酒精温度计
感官指标	2.5 ppm		嗅觉感官法
辅助指标	C/N比，控制范围（20：1）～（45：1）		

备注：分析检测微生物巢发酵过程中温度和水分以及 pH 的关系。

（4）微生物巢出料标准

随着微生物巢的持续发酵和使用，畜禽粪污的不断处理使得含 N、P 等有机物质增多，巢中微生物活性也逐渐降低，污水处理效率会逐渐下降。反应堆是生产有机菌肥的优质原料，经试验，制作的肥料中未检出大肠埃希菌群，24 h 与 48 h 种子发芽率平均为 87.9％和 99.4％，与对照组相比无显著差异（表 8-4）。

表 8-4　　　　　　　　　　　　　出料标准

项目	出料标准
水分	50％～70％
含氮	1％
活菌	0.8 亿～1.5 亿 CFU/g
大肠埃希菌	无
发芽测试	100％
氨气浓度	小于 25 ppm
臭气强度	降到 2.5 级以下

5. 成分检测

成分检测见表 8-5。

表 8-5　　　　　　　　　　　　　成分检测

项目	水分	有机质	营养元素	有效活菌数
发酵床	35％～46％	41.9％～52.7％	≥4.2％	5000 万～2 亿 CFU/g
生物有机肥国标	≤30％	≥40％	—	≥2000 万 CFU/g
有机肥国标	≤30％	≥45％	≥5.0％	—

6. 运行及维护方案

（1）微生物巢的运行方案

微生物巢激活后每立方米垫料每天可以消纳 20 kg 粪污，每天运行前先测量垫料的温度，取前、中、后三个点，分别测量 0.5 m 和 1 m 深度的温度，并做好运行记录，使用快速水分测定仪测定垫料的湿度，湿度在 60％以下且测量温度在 60 ℃左右时方可进行翻抛，运行时将粪污均匀喷洒在垫料的同时进行翻抛。

（2）微生物巢的维护方案

微生物存活和发酵需要几个要素，一是要有相对合适的水分；二是要有生长繁殖的温度；三是要有相应的营养，如碳元素、氮元素等培养基质。所以每天应该检测垫料的温度和湿度，使用氨氮测定试纸测定氨氮值并做好记录。根据测定的数值观察和判断微生物巢内部状态。若温度达不到 55 ℃以上时，不要喷洒粪污，补充菌种后直到温度达标再喷洒粪污。微生物巢垫料要维持在 1.5 m 方能有效消纳既定的粪污量，低于 1.5 m 处理能力呈阶梯式下降，定期根据垫料下降程度补充垫料。平均每年补充 2 次垫料，补充量根据垫料组成不同，一共需补充 20%～40% 不等，菌种平均每 3 个月补充一次，按垫料总重量的 1% 左右进行补充。

二、微生物巢技术经济效益分析

以山东福祖集团有限公司制作微生物巢经济效益为例分析。福祖集团年产生物有机肥 18000 t，处理粪水 12 万吨，资源化利用种植废弃物 6000 t。

前期投入（季度/批次）如下：

稻壳用量：9000 m^2×1.5 m＝13500 m^3（系数为 100 m^3 为 8 t 稻壳）为 1100 t×650 元/t＝71.5 万元；

锯末用量：13500 m^3（系数为 0.3 的锯末）为 400 t×400 元/t＝16 万元；

菌种用量：每立方米为 1000 mL，13000 m^3 所用菌剂 13 t×20000 元/t＝26 万元；

基建费用：每平方米约 260 元，9000 m^2×260＝234 万元；

机械设备：34 万元/套。

以上费用共计：人民币 381.5 万元。而 13500 m^3 稻壳或者锯末每 3 个月可生产出 4500 t 生物有机肥，生物有机肥按照市场价格为 1000 元/t＝4500 t×1000 元/t＝450 万元。即正常投产一个季度后，450 万元（收益）－381.5 万元（前期投入费）－4 万元（电费）－1 万元（机械修理费）－5 万元（人工费，5 人 3 个月）－2 万元（不可预见费用）＝56.5 万元。

以常见规模万头猪场的水泡粪工艺为例，日产粪水 100 t（COD≥8000 mg/L），该技术每日每立方米巢料处理粪水约20 kg，需配套建设5000 m^3 微生物巢即可消纳全部粪水。整个系统占地面积 4000 m^2，配套建设仓库、硬化场地和道路等，需购置翻抛机、移位机和铲车等，总投资约 120 万元。实现养殖场粪水零排放、无二次污染问题，反应堆失活后全部清出做生产有机肥原料，有机质含量达 30%以上，重金属无检出，发芽率试验无差异，两三年即可收回全部投资。

（一）投资概算

以日存栏 30 万只肉鸭的养殖场为例，每天产生粪污约 200 t，每个微生物巢处理单元每日可处理 14.4 t 左右的粪污，则该养殖场一共需要建设14 个微生物巢处理单元，总共占地约 16 亩（表 8－6）。

表 8－6　日存栏 30 万只肉鸭养殖场使用微生物巢技术进行粪污资源化处理的首次投资概算表

类别		名称	数量	单位	单价/元	总价/万元	备注
固定资产投入	整个项目的土建面积	调质池（配套搅拌机）	300	m^3	260	7.80	可自建
		地面硬化	9600	m^2	260	249.6	可自建
		发酵槽	2772	m^2	260	72.07	可自建
		阳光棚	10209	m^2	80	81.67	可自建
		道轨	1680	m	80	13.44	可自建
	机械设备	通轴翻抛机	5	台	150000	75.00	可自购
		移位机	5	台	20000	10.00	可自购
		自吸式污泥泵	10	套	2000	2.00	可自购
		卷绕式等浓度粪水喷洒机（专利设备）	5	套	60000	30.00	专用设备
		自动化计量配件	5	套	30000	15.00	可自购
耗材投入	垫料	稻壳、锯末等	1280	吨	500	64.00	可自购
	菌种	CM 微生物复合菌剂	40	吨	20000	80.00	发酵专用菌剂
合计						700.58	

如上表所示，整个粪污资源化处理项目的固定资产投入为 556.58 万元，其中土建投资约 424.58 万元，设备投资约 132 万元，处理粪污时每批次的耗材（主要为稻壳、锯末等垫料和发酵专用菌种）使用成本为 144 万元。

（二）经济效益

微生物巢技术在日存栏 30 万只肉鸭养殖场建成后，若以一年更换一次垫料计，则一年的运行总费用约为 169 万元，同时可将 30 万只肉鸭产生的粪污转变为 3729 t 优质有机肥，若按照市场价 700 元/吨的价格进行销售，有机肥的销售总额约为 261 万元，利润为 107 万元（表 8-7）。

表 8-7　日存栏 30 万只肉鸭养殖场使用微生物巢技术进行粪污资源化处理的日常运行费用表（以一年更换一次垫料计）

名称	数量	单价	总计/万元
垫料投入	1280 t	500 元/吨	64
菌种投入	40 t	2 万元/吨	80
运行电费	15.4 万千瓦时	0.5 元/千瓦时	7.7
设备维修、折旧	—	2.34 万元/年	2.34
人工费用	3	5 万元/年	15
一年总费用			169.04
年产有机肥	3729 t	700 元/吨	261.03

若养殖场管理水平完善，人员充足，周边市场对于有机肥需求旺盛的话，可以考虑增加处理粪污时耗材的更换频率，提高有机肥的产量。一般情况下，根据处理时间最多一年可更换 7 次垫料等耗材，产出 7 个批次的有机肥。随着有机肥年出产批次的增加，粪污处理成本和肥料销售产生的经济效益亦随之同时增加（表 8-8，图 8-3）。

表 8‑8　日存栏 30 万只肉鸭养殖场使用微生物巢技术进行粪污资源化处理的后期经济效益分析

该肉鸭养殖场年有机肥生产批次	年成本/万元	年产有机肥/t	有机肥销量/万元	年利润/万元	销售费用/万元	净利/万元	投资回报率
1	169.04	3729.00	261.03	107.19	16.08	91.11	59.22%
2	282.64	7458.00	522.06	239.42	35.91	203.51	72.00%
3	411.44	11187.00	783.09	371.65	55.75	315.90	76.78%
4	540.24	14916.00	1044.12	503.88	75.58	428.30	79.28%
5	669.04	18645.00	1305.15	636.11	95.42	540.69	80.82%
6	797.84	22374.00	1566.18	768.34	115.25	653.09	81.86%
7	926.64	26103.00	1827.21	900.57	135.09	765.48	82.61%

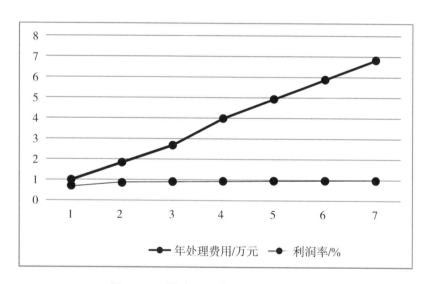

图 8‑3　后期年处理费用和利润率的分析

　　根据上图表得出，多批次年处理费用随着处理次数的增多而增加，但利润率增加不太明显，所以建议每年出 4 批次有机肥的综合经济效益最佳。

第三节 微生物巢畜禽粪污处理案例

一、技术应用推广概况

微生物巢粪污处理技术已在山东烟台福祖畜牧养殖有限公司和陕西杨凌本香集团等单位进行了推广运营，均取得了非常显著的社会效益与经济效益，深得合作伙伴的信赖。已成功建立示范基地 30 多个，被农业农村部列入主推的有 7 种粪污处理模式。

烟台福祖畜牧养殖有限公司第一养殖场位于莱阳市谭格庄镇，生猪年出栏 4.5 万头，水泡粪工艺，日产粪水 450 t（化学需氧量≥13000 mg/L）。2015 年开始利用微生物巢技术处理粪水，建有微生物巢规模 25000 m³，平均 2 个月出清一次反应堆，用作生产生物有机肥。年生产有机肥达 12 万吨，平均售价 1500 元/吨，2015—2017 年，粪污处理新增产值 14536.6 万元。利用微生物巢技术处理禽畜粪便，不再受季节和气候限制，一次性投入较小，运行管理费用较低，更重要的是操作简单，且附加经济效益高。据计算，福祖公司前期投入约 400 万元，每 3 个月可生产出4500 t 生物有机肥，按照现行市场原料价格每吨 500 元计算，去掉人工、电费等成本，福祖公司每年仅此一项的经济效益就可达到约 300 万元。

2014 年 12 月在陕西杨凌本香集团，陕西省环境保护监测中心对微生物巢技术的除臭效果进行了测试，结果表明：使用微生物巢技术，添加亿安复合微生物菌剂处理畜禽粪污一个月后，养殖圈舍内空气中的氨浓度从 12 ppm 下降至 4 ppm，臭气强度降到 2.5 级以下，达到了国家一类标准。2015 年 1 月，在本香集团毕公猪场 3 号舍，又进行了专门的除臭试验。试验结果表明，添加复合微生物的 5 个单元氨气浓度基本为零，而对照组 7 个单元的浓度则为 2～10 μL/L。通过复合微生物巢技术有效处理粪水，单位消纳粪水能力为 15～25 kg/（d·m³），不仅臭气没了，无废水排放，实现养殖粪污废水零排放，减少了养殖场疾病的发生，同时产出优质生物有机肥。

利用复合微生物巢技术有效处理畜禽粪污，实现废水零排放，产出优质生物有机肥，是一项绿色、循环、生态的发酵技术。这既是环保工程，减少了畜禽粪污中有害物质的产生和排放，带来显著的环保效益，解决了环境污染问题，又是一项经济工程，让养殖场变成生物肥料加工厂，保证优质肥料原料的来源，将原来依靠巨额投入无害化处理粪污的难事，转变为依靠粪污进行肥料处理资源化利用，获得巨大经济效益的好项目，为养殖企业的达标减排、创利增收和规避风险带来了切实保障。

二、社会效果和推广前景

1. 社会评价

该技术自 2016 年开始被连续列为山东省财政支持农业主推技术，2017 年获得山东省科技进步奖一等奖，2017 年大北农科技奖一等奖，被农业农村部评入七大畜禽粪污资源化处理模式，列入"十三五"畜牧业发展规划，被国家农业农村部作为地方实践的典型事例，列入 2018 年度县级农业部门负责人实施乡村振兴战略，推进农业转型升级专题轮训（畜牧业绿色发展班）的辅助教材，进行讲解、分析和推广应用。该技术已在广东、广西、湖南、湖北、江苏和山东等全国十余省市推广应用，占养殖粪污处理模式的 10％以上。

山东大学生命科学学院副院长、微生物技术国家重点实验室主任张友明表示："复合微生物巢技术体系很好，病猪、废水等多重问题都能很好地得到解决，用废弃物制成的肥料也能实现增值。在当前国家推荐化肥零增长的背景下，这是一个很好的发展趋势，这对于解决病原微生物、抗生素以及重金属的问题，将起到重要作用。山东亿安公司的微生物产品，在带来显著环保效益的同时，也带来了养殖效益，并实现了有害物质产生和排放的减量。"

山东省畜牧总站站长李有志表示："利用复合微生物巢技术，将粪污无害化处理的同时进行肥料化，把原有依靠巨额投入处理粪污，转变为依靠粪污资源化获得巨大经济效益，这在全国尚属首例。复合微生物巢技术，彻底颠覆了千百年来的传统治污理念和方法，无论是经济效益还是社会效益，都很可观。"

在当前国家加快推动经济高质量和可持续发展，大力发展循环经济、绿色经济，助力化肥农药减施增效等相关背景下，粪污的无害化、资源化、集约化处理对于解决土壤污染、水污染、病原微生物以及重金属污染等将起到难以替代的重要作用，粪污处理项目是一个值得广泛关注并着重解决的可持续发展项目，而微生物巢技术在畜禽粪污处理中，有着得天独厚的优势和举足轻重的地位。

2. 推广前景

微生物巢处理技术市场潜力巨大，具有广阔的转化推广前景。据统计，全国畜禽粪便污染物年产量约 38 亿吨，是工业有机污染物的 4.6 倍。2017 年山东省规模场（户）近 20 万家，年产生养殖粪污 2.7 亿吨，其中粪便 1.8 亿吨、尿液 0.9 亿吨，生猪和奶牛养殖产生的粪水量占到总量的 60% 以上，需要配套建设大量畜禽粪污处理与利用工程。微生物巢处理技术建设条件要求不高，常设在养殖场的空闲区或隔离区，只要配备微生物巢反应堆、翻抛机和卷绕式粪水定量喷洒装置等即可，一次性投入只占到沼气工程的 1/10，2～3 个月微生物巢失活后即可生产有机肥。

微生物巢处理技术以其高效的粪水处理能力和低投入、高产出和资源化优势备受养殖企业青睐，具有巨大的市场需求和广阔的应用前景。总而言之，微生物巢技术是一项农畜大循环的生态技术，整体上实现了畜禽粪污无害化处理与零排放，也使得资源和效益得到了最大化利用，实现养殖业的生态循环，无论是经济效益还是社会效益，都很可观。

第九章　秸秆还田的原理与模式

第一节　秸秆还田原理与技术

一、秸秆还田的概况

农作物秸秆含有大量植物营养物质。如果按干物质计算，多数农作物秸秆的干物质接近或超过被收获部分。这些干物质如以适当方式埋入土壤中并获得腐解，就是有机肥料。在小农经济时代，秸秆还田并非社会重点关注的问题，因为在没有社会化的能源供给的时代，农民将秸秆作为家庭的燃料，再把燃烧的灰烬返田，一点都没有浪费。现在，能源的社会化供应使农作物秸秆没有用场了。有人会说："把秸秆焚烧了不就是把养分还田了吗？"其实，秸秆焚烧完剩下一堆灰的时候，原存于秸秆中的大量营养成分都化作氧化物排到空气中了，只剩下极少数无机元素及灰分留下来，且大部分是水不溶物，很难发挥肥效，而且秸秆的这种无序燃烧会带来安全隐患，同时又是环境污染源。所以，秸秆必须"转业"了。

秸秆"转业"有三种去向：一是某些秸秆可以加工成饲料，称为"过腹还田"，这本是极好的事，既解决了牲畜的饲料问题，又产生了肥料。可是实际上只有含蛋白较丰富的秸秆如大豆、花生等少部分作物的秸秆被收集卖给养牛（羊）场。二是收集卖给发电厂。由于收集和运输成本比较高，而许多农田附近并没有发电厂，所以可行性不大。三是秸秆就地还田。这种做法成本低，收益大，处处可以实行，一块农田地面秸秆的还田，相当于每亩耕地施 $1\sim2\ t$ 有机肥。但是情况并不乐观，政府提倡秸秆还田多年了，真正实行的地区非常少，尤其是华北、东北等地，秋后焚烧秸秆的现象还很普遍，各地政府部门用尽各种办法阻止和惩罚焚烧秸秆，还是控制得不理想。

秸秆还田难实施主要是因为秸秆还田后腐解慢，有些几个月都不能腐解，妨碍下茬农作物的种植。除了地温和土壤含水率因素外，推荐给农民的秸秆腐解菌不带碳，是重要原因。微生物菌剂生产厂家在培养微生物时，应该配好培养基的碳氮比。可是当他们把微生物通过吸附剂收集后，却忘了让吸附剂带碳养分，使微生物成了不带军粮的"空降兵"，到恶劣条件的土壤环境中不久就失去战斗力。

这些吸附剂不含可被微生物吸收利用的碳养分。这些微生物到土壤中不能迅速繁殖，就失去了种群优势，它们进入土壤中在与原本群体的竞争中逐渐丧失生存能力而归于消亡。在调研中我们发现：这些菌剂是白色的，白色肯定是不带碳的。

二、秸秆还田的重要性

农业的可持续发展依赖养地和再造土壤，其内涵就是把植物辛辛苦苦积累的太阳能以有机质的形式返还土地，这叫作养地。而对贫瘠耕地来说就是再造土壤，因为土壤和生土（或贫瘠土）的主要区别就是有机质含量的差异。

根据我国目前耕地情况，能使耕地有机质含量逐年有所提升的合理措施，就是每年必须有几十亿吨有机肥下地。这么庞大的数量光靠工厂化生产有机肥是办不到的，也是不经济的。必须实行多种形式的有机物转化，其中很重要的、最经济可行的就是非商品化的秸秆还田，以及随时随地可实行的有机垃圾简易堆肥。

秸秆中除主要含有机碳外，还含有一定比例的矿物质元素，尤其是宝贵的中微量元素。人们常常不了解种植的农作物缺什么中微量元素，不少人凭想象给农作物施中微量元素肥，却不知道起了作用没有。秸秆中都含有中微量元素，而且是充分有机化了的，农作物容易吸收，这些宝贵的养分不是用钱买的，而是秸秆带来的。有部分农民朋友，多年来坚持秸秆还田，土地越种越肥，原来板结土壤常发生的土传病害不再出现了，化肥和农药的用量也明显减少了。

事实证明，秸秆还田既能解决作物秸秆无处堆放的问题，达到农业环境的整洁文明，还能改良土壤，节省用肥成本，同时又能提升作物的品质，增加产量。

有一种担忧：秸秆还田会把附着在秸秆上的病虫害留在土壤中。这种担心在于不了解秸秆科学还田（合理腐解）后给土壤生态带来的一系列积极变化。而且秸秆还田后种的一般都是另一类作物，不容易感染上茬作物的病害。

第二节　秸秆还田模式

一、秸秆就地还田

秸秆就地还田适用于种植小麦、玉米、水稻、蔬菜、马铃薯、萝卜、胡萝卜，以及其他类似情况。

秸秆就地还田应具备的条件：一是环境温度在 200 ℃以上；二是土壤湿度（含水率）较合适（40%～50%），如果湿度不够，可对打碎的秸秆喷水；三是必须使用带碳养分的腐解菌剂（例如 BFA 生物腐殖酸），以保证秸秆在 10～12 d 内基本腐解。

秸秆就地还田的操作程序：先将直立的秸秆用适合的破碎机将其切断成碎块，散布于地面，并在其上撒施腐解菌剂，生物腐殖酸用量为每亩 15～20 kg，可直接撒施，也可兑 100 倍水洒施。其他菌剂参照产品使用说明。之后用旋耕（翻耕）机将碎秸秆翻压入土，应尽量使物料处在地面 10 cm 以下。

由于作物秸秆以纤维素和木质素为主，碳氮比太高，为了使腐解顺利和避免土壤氮贫乏，可用尿素（每亩 10～15 kg）或碳铵（每亩 20～30 kg），兑水泼施（或干撒）在秸秆上，随菌剂一起翻耕入土。注意不可将菌剂与氮肥一起兑水。

若是果树剪枝就地还田，则建造果园株间"肥水坑"。在果树的一侧挖 70 cm 深坑（第二年在另外一侧，两株果树之间挖一坑即可），将果园每年修剪的大量枝条，加上地面杂草灌木，埋入坑内，压上一层混有腐熟剂（生物腐殖酸）的有机肥，再覆土埋实。这个坑就成了源源不断向果树提供有机碳养分和水源的"聚宝盆"。这种株间"肥水坑"起着积肥和贮水双重功效，果树的根系会逐渐向坑边延伸。几个月后挖开一个坑观察，坑边就能见到白花花的新根。

二、作物秸秆建堆（垄）简易发酵后就地还田

秸秆建堆（垄）还田技术适用于北方秋后大田作物秸秆、棉花秆、果园修剪枝叶、果菜集中粗加工的下脚料、水葫芦处理等。本方案操作方法如下：先将秸秆集中用破碎机打成碎块，铺一层 10～15 cm 厚碎秸秆，上面铺一层厚约 5 cm 的畜禽粪便，再在其上撒生物腐殖酸腐解剂。这是一层（13～18 cm 高），如此往上再建十几层，使之形成高于 2.5 m 的半球形堆或截面半圆形长条垛。要根据秸秆含水量判断是否需要喷水。如果较干燥，应在每小层铺置秸秆时洒适量水，生物腐殖酸混入水中。待堆（垛）码好，就在其表面覆盖一层塑料膜。北方地区应在塑料膜内衬一层稻草帘，如此即使堆外气温降到－20 ℃～－30 ℃，堆（垛）内仍然热气腾腾。来年春天揭开塑料膜，便是一堆热烘烘的有机肥。

果园修剪的树枝树叶，可用破碎机将枝条打成小碎块，与畜禽粪便混合或一层碎枝叶一层粪便，每层撒生物腐殖酸发酵剂，建堆时切记管控好含水率，太干发酵不起来。另外由于物料木质素含量高，发酵时间需超过40 d。如果方便得到沼液，用沼液来湿润发酵料效果更佳。

三、农庄或家庭的有机下脚料及厨余的肥料化

农庄的农产品粗加工下脚料、社区或家庭的有机废弃物和厨余垃圾，每天都在形成，但每天的量都不多，很难一次性集中建堆，可以用如下办法。

在干燥无地下水之处挖坑，并有防雨水措施，或者用砖砌发酵槽，或者用木板建制大发酵桶。每天将上述废弃物铺在容器里，用水兑生物腐殖酸菌剂泼洒其上，随后用废棉垫盖上保温；下一次有废弃物再揭去棉垫，如法炮制一层，盖回棉垫。如此一次一层，直到高 1.5～2 m，盖好棉垫堆沤 15～20 d，揭开刨出来当有机肥料用。废弃物每天都有的情况下，可建多个容器，一个堆满了，开始在第二个容器建堆，如此类推，轮番堆料出料，就可持续处理废弃物了。总量比较大的容器，必须有一面墙是可打开的，方便操作，同时还应考虑料堆适当透气以利于微生物活动。

注意事项：

（1）物料含水率要控制好。简单地说，湿料（如烂菜叶、厨余果皮等）不可再加水，发酵剂兑水尽量少，能洒得开就行；如果干料（干秸秆、树叶、杂草）多，应适当洒水，或发酵剂兑水倍数大。

（2）适当通气。务必在各面固定墙与地板之间留一排通气孔，并在槽底垫粗秸秆或一层厚 5 cm 左右的木枝条，垫料之上放置一张细孔尼龙网。活动闸板插入位应距离地面 5 cm。

（3）保温。每次铺料后，最上面必须覆盖透气性保温物料，如旧棉垫之类。

（4）尽量收集畜禽粪加入建堆。如何鉴别是否堆沤成功呢？可掀开表面保温垫，将温度计插入 40～50 cm，如温度达到 60 ℃左右且该温度持续 3 d 以上即为发酵顺利。当最上层物料已进槽 10～15 d，即可开堆，将发酵料直接用作农作物基肥，也可撒施于农田用旋耕机翻压入土。

北方地区寒冬时节，可在砖槽墙外堆放稻草束，用厚塑料膜将之包裹

捆绑，使墙体散热速度减缓。

四、果园、茶园绿肥作物还田

果树、茶树都是多年生植物，土地不进行大面积翻耕，最适宜种植绿肥作物。绿肥作物可压制杂草、分散害虫的危害，还可为土壤提供有机质，豆科绿肥作物还可为土壤补充有机氮养分。所以种植绿肥作物对防止土壤板结，保水保肥，减少化学农药的应用等都有显著作用。

绿肥作物较常见的有豆科作物：紫云英、苜蓿、草林犀、猪屎豆、柽麻、田箐、蚕豆、苕子、紫穗槐等；非豆科作物有肥田萝卜、三叶菜、荞麦等，还可以将大量繁殖的水花生、水葫芦、水浮莲收集来做绿肥。

绿肥作物的利用要因地制宜，分别采取就地翻压入土或集中建堆腐熟后还田两种方法。为了使绿肥作物加快腐解，提高肥效，应注意腐解菌剂的选择和氮肥的配合使用。

五、香蕉种植片区蕉秆的处理

在广东、广西、云南、海南等，大面积香蕉种植区每年都有大批废弃蕉秆，到处散发着腐臭，还妨碍耕作，逐渐演变成局部生态灾难。香蕉秆又长又粗又重，晒不干，埋不了，很难处理。但我们审视一下香蕉施肥，其用肥量非常大，一株香蕉有一大半重量在蕉秆，可见蕉秆也贮存有大量植物营养物质。据检测，香蕉秆含水率约 95%，那些水液中含有机水溶物（即 DOC）约 1%，N 约 0.1%，K_2O 约 0.25%（磷极少），其潜在植物营养成分浓度与养殖场沼液差不多，香蕉秆压榨液经有机碳菌液分解成无害的有机碳营养液，可用管道输送到附近的香蕉园，进入滴灌系统。其余的香蕉秆渣则可破碎后利用生物腐殖酸发酵剂进行堆肥后还田利用。所以，香蕉秆回收利用得不好不但消除不了香蕉秆污染，还可能给香蕉带来肥害；回收处理得好，则为香蕉种植增加了新的肥源。

每个香蕉种植大片区，都可以办一个"蕉秆变肥"的加工厂，这是一个解决香蕉种植难题的物质循环项目，将使香蕉园少用化肥，不外购有机肥，并且土壤能持续得到改良。

香蕉种植区常常是连片几万亩甚至十几万亩，其会包括多家种植园主，怎么使他们自觉地把香蕉秆集中到加工厂来呢？最好是采取"以秆换肥"的办法，每家业主送来香蕉秆，拉回有机肥，并按一定的价位给加工厂补贴。这样每家业主可以拉到很便宜的有机肥，而香蕉秆加工厂又有基本的利润能维持运作。如此，香蕉种植大片区香蕉秆成灾的顽疾便可一扫而光，并实现香蕉施肥有机无机平衡的常态化，带来土壤改良、土传病害消减、提高产量、品质提升等一系列良性发展。

第三节 秸秆还田案例

在广东梅州和福建平和出现了一种简易的种养结合模式。承包山地种蜜柚的农户自己无暇养猪，便把自家果园上方山顶的土地无偿借给养殖户。养殖户把秸秆和果树枝叶破碎后与猪粪分层叠起来，再在猪粪层上撒生物腐殖酸粉，这样每天分 2~4 层叠起来，再用塑料布盖好。第二天揭开再建几层，建好再盖，花费十几天就建起了一个高 2.5 m 的发酵堆了。后面来的猪粪便在旁边另建一堆。直到高度达 2 m，先前那一堆也腐熟可以使用（非施肥季节则移去高堆陈化焖干）。猪场的污水则引入两个池，一空一盈，轮流灌入有机碳菌液（或生物腐殖酸粉）进行分解，每立方米用 0.3 kg，十几天后抽排到果园，平均每棵果树每个月浇一次，完全不用担心干旱。

这两个蜜柚园分别是梅州和平和著名的"有机柚"产地，柚果均匀，外观净靓，肉质细软甜度高，风味十足，售价总是当地最高的。而当地其他果园树体出现早衰、果肉木质化和裂果等现象，在这两个果园压根就没有发生。当地经验丰富的老农认为：那些柚子树黄黄的，叶片没有光泽，属于早衰树，挂果不出十年就得砍掉，而像这种与猪场"共生"的柚子树，挂果三十年都没问题。

2015 年秋季福建诏安县一种植大户在 100 亩青花菜中应用"有机碳肥＋化肥"模式，取得了好收成。菜花采摘完，就用生物腐殖酸粉（每亩 20 kg）撒在菜地，后用旋耕机将菜花下脚料全部翻耕入土。2016 年该片农田改种早稻，没再施任何肥料，与此同时还承包了另一块农田种早稻，因新承包田没有秸秆还田，就每亩总共施复合肥 40 kg。据老农观察测算：秸秆还田稻比化肥稻最少每亩增产 150 kg。

诏安县大棚种植户吴先生从 2011 年开始，坚持秸秆就地还田，每年大棚里面的辣椒秆均直接撒入 20 kg 发酵剂后旋耕入土还田，不但节省了搬运秸秆的人工费，还基本上不再购买商品有机肥，而且效果一年比一年好，农产品年年增收，他种的果菜已成了上海果菜批发市场的抢手货。

据不完全统计，我国农业每年产生 8 亿吨秸秆，如果再算上林业废物、果树修剪的枝叶、农产品加工的下脚料、生活垃圾中的有机垃圾，这个数字还会更大。这是一批巨大的固体废弃物，如果采用焚烧的办法解决，则人类无法从中得到多少效益，而且会加重大气环境污染，带来巨大的二次污染，城市清洁卫生环境影响恶劣。上述这类废弃有机物转化为可以下地的有机肥，就是农业物质循环工程的一大部分，相当于每年产生近 10 亿吨有机肥。如果每亩耕地使用 2 t 秸秆还田就相当于让土壤有机质含量增加 0.35％，在补充当年农作物种植造成土壤有机质的消耗外，还可使土壤有机质含量提高 0.3％。坚持秸秆还田 10 年，耕地有机质含量便可以达到 4％以上，这便是良田沃土的标准。秸秆还田处理得好，土壤每年的改良还会给农户当季作物带来增产增质的效益，农户的收入得到提高，他们继续开展秸秆还田的积极性就更加高涨，这比任何的宣传效果都要好。

第十章　绿狐尾藻生态处理粪污水原理与技术

第一节　绿狐尾藻生态处理粪污水原理

养殖业粪污水是一类富含氮磷养分的废水，由于该类废水产生量大、有机物浓度和氨氮含量高等特点，直接排放极易导致下游河流、湖泊等受纳水体的严重富营养化，并导致环境恶化，因此对养殖粪污水进行合理处置是保护环境的必要措施。养殖粪污水最佳的处置方式是经过无害化处理后作为液体肥料直接就近还田利用，这样处理不仅投资少、能耗低，还实现了氮磷养分资源的循环利用，是符合"资源节约型"和"环境友好型"现代治污理念的污染治理模式。但是养殖粪污水直接还田利用的处理模式也存在一些比较明显的不足，这主要包括：

1. 对土地面积需求相对较大。养殖粪污水可以直接灌溉农田、果园、菜园或茶园等，并替代一部分肥料，但是每一次灌溉量不宜过大，因此需要的土地面积就相对较大，如果养殖企业本身或其周边没有足够的土地可以消纳粪污水，则该技术难以实施。

2. 施肥的季节性限制问题。由于农作物或果蔬茶的生长具有季节性，对养分的需求也是阶段性的，因此利用沼液进行灌溉的频率和灌溉量也都必须与作物的水肥需求规律相一致，但是养殖企业粪污水的产生则是连续不断的，因此对粪污水的消纳不可能连续进行，这就要求养殖企业必须具备一定容量的储存条件，否则粪污水难以实现全部利用。

3. 土地消纳容量限制问题。作物对养分的吸收有一定的限量，其中对氮磷的利用率一般为30％左右，因此长期施用粪污水可能会导致氮磷养分在土壤中形成累积，甚至出现向深层淋失的问题，从而可能会对当地的地下水构成二次污染。

因此，在首选养殖粪污水实行肥料化利用的基础上，探寻其他途径的低成本处理模式也是十分必要的。近年来，中国科学院亚热带农业生态研究所针对养殖粪污水生态治理的问题开展了大量工作，针对高负荷养殖粪污水的生态治理研发了稻草—绿狐尾藻生态治理技术（以下简称"绿狐尾藻技术"），该技术主要利用稻草秸秆等有机废弃物材料构建生物基质消纳池，再利用生物量大、营养价值高的浮水植物绿狐尾藻建立多级生态消纳湿地，实现对养殖粪污水中主要污染物氮磷的有效转化，最终实现对粪污水的低成本治理和达标排放。该技术的最大特点在于工程投资少、运行成本低，并可产生一定的经济效益，自2013年以来先后在湖南、湖北、浙江、广东、广西、云南、河南等全国10多个省（区、市）得到推广应用，均取得了较显著的治理效果。本章重点介绍利用绿狐尾藻处理养殖粪污水的相关技术。

第二节　绿狐尾藻生态处理工艺流程

稻草—绿狐尾藻粪污水处理技术是一种综合性粪污水处理技术，其主要处理对象是高污染负荷的养殖场沼液，或者经过厌氧无害化处理后的养殖粪污水，该技术的主要特点是通过微生物和高效吸收植物实现对废水中氮磷污染物的有效转化和脱除。由于粪污水氮磷转化为植物生物质之后，虽然从水中脱除了，但是这些生物质还要实现进一步的饲料化利用，相关产品要进入食物链，因此该技术的适用范围受到一定的限制，即不适用于存在重金属或其他类型（如含有机污染物）污染的工业废水处理。

一、技术工艺流程

稻草—绿狐尾藻粪污水处理技术工艺为微动力或无动力（无曝气环

节）工艺，核心部分主要包括三个关键技术环节：①生物基质消纳系统；②多级绿狐尾藻人工湿地系统；③绿狐尾藻与湿地资源化利用系统。其中前两个环节主要是实现对粪污水氮磷的消纳转化和养殖废水的达标排放，第三个环节主要是实现粪污水中氮磷污染物的循环利用，并提升湿地处理系统的经济效益，最终达到"环境友好"和"资源节约"的双赢目标。

稻草—绿狐尾藻粪污水处理技术的具体流程为：对经过固液分离和无害化处理的养殖废水，首先利用稻草生物基质消纳系统降低 COD 和部分氮磷，再经过绿狐尾藻生态湿地系统对氮磷进行吸收转化，形成植物生物质，并对生态湿地进行适当维护，主要是定期收割绿狐尾藻，直接用于草食性动物的饲养或青绿饲料加工，最终在粪污水达标排放的同时，实现养殖粪污水氮磷资源的循环利用。具体技术流程如图 10-1 所示。

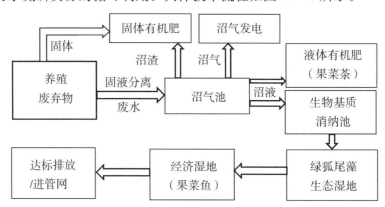

图 10-1　养殖粪污水氮磷生态消纳技术流程

二、主要工艺及参数

1. 生物基质处理系统

稻草生物基质处理系统由一个或多个基质池组成，用稻草作为填料充填其中。稻草的主要作用是作为氮磷转化微生物的碳源（能量来源）。稻草生物基质池容积参数为每头猪 $0.1\sim0.5\ m^3$，容积参数取值原则上是保证废水在基质池内滞留 $10\sim15\ d$。基质池工程建设及空间布设要求主要包括：在保证总容积大小的基础上可以由多个池子串联，基质池深度可根据实际灵活掌握，一般不浅于 100 cm，养殖废水通过高度落差或水力推动实现自流。基质池墙体和底部要求做防渗处理，以防止因高浓度粪污水渗漏而污染地下水。

在基质池建成以后，首先向其中添加稻草，向基质池中逐渐放入经厌氧发酵的废水，使其逐级向下流动，保持废水在稻草基质池滞留 10～15 d，以后每 4～5 个月补充一次稻草。

2. 绿狐尾藻人工湿地系统

（1）水生植物绿狐尾藻简介

绿狐尾藻分类学归属于小二仙草科狐尾藻属多年生草本植物，为浮水或沉水植物，雌雄异花，原产地为南美洲热带地区，在中国只开雌花，因此不能正常结实，主要为无性繁殖。植株对水体中养分的吸收能力强，可用于治理水体污染。在浙江、湖南、云南等地可见到野外逸生的植物群落。

以湖南长沙为例，绿狐尾藻的主要生长期为 3—12 月，最佳的生长温度为 25 ℃～30 ℃，气温低于 5 ℃ 则停止生长，在我国南方地区可以正常越冬，但是在黄河以北地区冬季会被冻死。绿狐尾藻适宜在高氮磷浓度的养殖粪污水中生长，一般对氨氮和总磷的忍耐浓度分别可达 450 mg/L 和 80 mg/L 左右，而最佳生长的氨氮和总磷浓度则为：氨氮 160～230 mg/L，总磷 15～20 mg/L。绿狐尾藻的生物量较大，一般情况下全年的鲜重产量可达 300～600 t/hm²，植株含水率为 85%～90%。该植物具有蛋白质含量高、氨基酸组成均衡、矿物质丰富等特点，根据测定，绿狐尾藻植株粗蛋白含量 17%～21%，粗纤维含量 35%～39%，适用于猪、牛、鸡、鸭、鹅、鱼等的饲料加工，具有很强的资源化利用潜力。

尽管绿狐尾藻为外来物种，但是根据在全国多地开展的观测研究结果表明，从生长适应性、群落竞争力、天敌危害等方面来看，绿狐尾藻在我国进行大范围自然扩张的可能性十分有限，这主要体现在以下几个方面：①绿狐尾藻在中国亚热带地区可以良好生长并顺利越冬，但在中国北方温带地区则不能自然越冬。②风浪、水深、蓝藻暴发以及香蒲、莲、双穗雀稗、辣蓼、水竹叶等本土水生植物竞争等多种因素均会对绿狐尾藻的正常生长产生显著抑制作用。③绿狐尾藻存在非专一性天敌，主要包括斜纹夜蛾、造桥虫等食叶性昆虫，有时一些刺吸式害虫如红蜘蛛等的危害也十分严重，其主要暴发期均在 7—8 月的高温阶段。

（2）绿狐尾藻湿地的构建

对于一般的养猪场沼液的处理，每头存栏猪需要配备的绿狐尾藻湿地面积为 2～5 m^2，绿狐尾藻湿地工程建设及空间布设要求主要包括以下几点：①湿地控制水深 30～80 cm；②湿地建议设为 3 级以上，各级湿地上下游水位建议保持 10～20 cm 的落差，主要是确保从上到下能够实现自流；③湿地末端在水质得到一定程度改善后可以用于养鱼，即作为经济湿地以便产生一定的经济效益。经济湿地水深可比前段适当增加，一般深度可以达到 150～200 cm。

（3）绿狐尾藻湿地的维护

为了确保绿狐尾藻湿地的正常处理效果，需要对湿地进行定期维护，维护内容主要包括以下两个方面：

①定期收割　一般情况下，每间隔 50～60 d 需要对绿狐尾藻湿地的植物进行收割，春季收割的间隔可以适当短点，可以为 30～40 d，而夏季高温季节则适当延长时间间隔。一般在 12 月开始就不再进行收割，以确保维持绿狐尾藻湿地能有一定的生物量，以利于植物的正常越冬。

②病虫害防控　在每年的高温阶段（7—8 月）是绿狐尾藻最容易受到害虫侵害的阶段，有些害虫甚至会出现暴发式危害，如斜纹夜蛾、造桥虫、柳蓝叶甲等食叶性昆虫，还有一些刺吸式害虫，如蚜虫等。可以根据害虫发生情况及时进行除虫，以免形成大面积虫害。一般推荐使用常用的蔬菜用杀虫剂即可有效灭杀，常用的杀虫剂主要包括虱螨脲、噻虫嗪、甲胺基阿维菌素等。

如果绿狐尾藻湿地长期进行定期收割，会出现以下情况：①植物大量累积腐烂后形成二次污染，湿地丧失污染治理效果。②杂草丛生，使得绿狐尾藻失去群落优势，导致湿地治污能力大幅下降。③部分河道湿地，由于洪水冲刷作用会将绿狐尾藻植物冲到下游，导致河道灌堵。因此，定期收割是绿狐尾藻湿地维护的关键环节之一。

三、绿狐尾藻饲料化利用技术

1. 绿狐尾藻的营养成分特征

绿狐尾藻干物质中粗蛋白含量为 22.35%，与一般的常规饲料原料相比（表 10-1），居于能量型原料和蛋白型原料之间，其中粗脂肪的含量为4.7%，仅次于鱼粉和大豆，粗纤维含量（20.6%）高于常用饲料原料，粗蛋白与纤维的比值为 1.08，因此适口性相对较好。绿狐尾藻所含的 17种氨基酸含量如下：天冬氨酸 1.82%、谷氨酸 1.41%、亮氨酸 1.13%、赖氨酸 0.88%、精氨酸 0.80%、缬氨酸 0.81%、丙氨酸 0.70%、甘氨酸0.69%、组氨酸 0.42%、丝氨酸 0.61%、苏氨酸 0.59%、酪氨酸 0.53%、蛋氨酸 0.14%、苯丙氨酸 0.73%、异亮氨酸 0.76%、脯氨酸 0.61% 和半胱氨酸 0.44%。总体来看，绿狐尾藻的氨基酸组成相对均衡，氨基酸含量高于能量原料玉米，低于蛋白原料豆粕，整体上和菜籽粕相当。从代谢能来看，绿狐尾藻与常用草食动物优质饲料紫花苜蓿十分接近（表 10-2），因此绿狐尾藻更适合用于草食畜牧业的饲料配制。此外。绿狐尾藻干物质中重金属的含量也远远低于国家饲料卫生标准中的要求（表 10-3）。因此，一般情况下利用，利用粪污水养殖的绿狐尾藻可以安全用作动物饲料。

表 10-1   绿狐尾藻与常用饲料原料干物质成分的比较

饲料名称	粗蛋白/%	粗脂肪/%	粗纤维/%	总磷/%
玉米	9.4	3.1	1.2	0.22
高粱	9.0	3.4	1.4	0.36

续表

饲料名称	粗蛋白/%	粗脂肪/%	粗纤维/%	总磷/%
小麦	13.4	1.7	1.9	0.41
稻谷	7.8	1.6	8.2	0.36
糙米	8.8	2.0	0.7	0.35
大豆	35.5	17.3	4.3	0.48
棉籽粕	47.0	0.5	10.2	1.10
菜籽粕	38.6	1.4	11.8	1.02
酒糟蛋白饲料	28.0	9.8	5.4	0.52
鱼粉	53.5	10.0	0.8	3.20
乳清粉	12.0	0.7	0.0	0.79
绿狐尾藻	22.35	4.7	20.6	0.57

表 10-2　　　　　绿狐尾藻与紫花苜蓿的主要营养成分比较（风干基础）

项目	代谢能/(MJ/kg)	粗蛋白/%	粗脂肪/%	粗纤维/%	粗灰分/%	钙/%	磷/%
绿狐尾藻	13.16	19.13	3.59	20.45	8.32	1.05	0.57
紫花苜蓿	13.02	20.48	2.85	25.80	7.80	1.41	0.46

表 10-3　　　　　　　绿狐尾藻干物质中重金属含量

类别	砷 /（mg/kg）	铅 /（mg/kg）	氟 /（mg/kg）	铬 /（mg/kg）	镉 /（mg/kg）
饲料卫生标准（≤）	10.0	40	100	10	0.5
绿狐尾藻	0.02	0.3	0.95	1.23	0.03

2. 绿狐尾藻主要饲料配制及用途

绿狐尾藻经打捞、冲洗并破碎脱水之后，可以经过发酵（7～10 d）之后用作猪、牛、鸡、鸭、鹅等畜禽的饲料，但是一般只作少量添加，添加比例依据畜禽种类略有差别，其中草食性畜禽可以略高，一般可以达到

10％～15％，非草食性的则不宜超过 10％。吴飞等（2017）的试验研究表明，饲粮中添加一定量的绿狐尾藻对肥育猪生长速度影响不明显，并可在一定程度上改善血清生化指标，提高猪胴体率和屠宰率，降低猪平均背膘厚度，减缓肌肉 pH 降低速度，降低滴水损失，改善猪肉品质。在肉牛上的初步试验结果（表 10-4）也表明，采用绿狐尾藻饲料饲喂西门塔尔牛，其生长性能和肉质也明显优于采用黑麦草饲喂的西门塔尔牛。因此，绿狐尾藻的饲料化开发利用前景十分广阔。

表 10-4　西门塔尔牛饲喂黑麦草与发酵绿狐尾藻的生长性能、肉质性状比较

试验组别	生长性能			肉质性状			
	试验初重/kg	试验末重/kg	日增重/(kg/d)	眼肌面积/cm²	大理石纹/cm	背膘厚/cm	剪切力/kg
黑麦草组	300.58±7.84	396.82±16.73	1.07±0.24	102.41±26.79	2.18±0.14	0.19±0.16	3.75±1.12
绿狐尾藻组	301.78±5.73	411.58±19.62	1.22±0.35	106.65±18.57	2.32±0.47	0.19±0.21	3.71±0.49

第三节　绿狐尾藻生态处理污水经济效益和社会效益分析

一、治理的工程成本分析

与目前国内外同类治理技术相比，采用绿狐尾藻生态治污技术具有工程投资少、治理效果好且稳定、运行成本低的特点。一般地，以 1000 头存栏猪场为例，采用工业化（厌氧—曝气技术为主）的治理养殖废水技术的基础设施投资费用为 53.8 万～70 万元，而采用绿狐尾藻生态治污技术的工程投资费用为 18 万～22 万元，且工程运行过程基本没有能耗。其主要的运维费用为 1～2 个人的日常维护费用（人工费用），该部分费用还可通过绿狐尾藻的饲料化利用及经济湿地的产出得到部分补偿（见后文的效益分析）。

二、生态治理的经济效益分析

以浙江某大规模猪场（生猪存栏规模为 5 万头）为例，工程总投资为 300 万元（平均投资额度为 60 万元/万头猪），稻草—绿狐尾藻生态治污系统连续运行一年的经济效益分析结果表明，投入部分主要包括：绿狐尾藻种苗费 5.4 万元、鱼苗费 0.4 万元、人工管理费 3.0 万元，合计为 8.8 万元/年；直接的经济收益包括：售鱼 12.0 万元、青绿饲料替代折价 10.8 万元，合计为 22.8 万元。因此，在工程正常运行条件下，1 年可产生直接经济效益约为 14 万元。

三、技术应用范围

绿狐尾藻生态治污技术主要应用于高负荷养猪场粪污水的生态治理，同时也可在农村分散型生活污水的生态治理、农田排水生态拦截消纳湿地的构建中加以应用。由于绿狐尾藻植物本身属于热带植物，其生长在冬季会受到温度的限制，在北方地区冬季不能正常越冬，因此，该技术主要适用于我国南方较为温暖的地区，但是在北方地区如果通过一些设施（如温室大棚）能解决绿狐尾藻的越冬保苗问题，也可在一定范围内加以应用。

四、绿狐尾藻治污技术的应用效果

大量试验及示范工程观测结果表明，采用绿狐尾藻生态治污技术可以取得显著的治理效果，其中养殖废水排放可以达到国家畜禽养殖业污染物排放标准（GB18596—2001），生活污水达到城镇污水处理排放一级 A 类标准（GB18918—2002）；富营养化水体（劣五类）治理后氨氮与总磷可降低 40%～60%，V 类水体可提高到 IV 类以上标准，水体透明度达到 60 cm

以上。

从本技术的应用范围来讲，截至 2020 年 9 月底，绿狐尾藻生态治污技术已在湖南、湖北、浙江、江苏、江西、安徽、广西、广东、四川、重庆、云南、贵州、河南等 13 个省（市、区）开展推广应用，涉及的区域包括了我国长三角、中南丘陵区、长江上游、西南山区以及华北平原等南方为主的不同地貌类型区域，各类示范工程布点达 180 余处，其中农业面源污染综合治理区 35 个，涵盖农田总面积约 3.2 万亩；农村生活污水治理点 50 个以上，涉及总人口 3.8 万人；治理各种不同规模（存栏猪 250～50000 头）养猪场 100 余家，年存栏生猪总量达 50 万头以上；治理富营养化水体 100 多处，河道总长度 200 km 以上。

第十一章　粪污原位除臭及资源化利用

第一节　粪污原位除臭及资源化利用

一、技术背景

当前畜禽粪污处理技术仍然局限于能源化利用（沼气发电）、肥料化利用（堆肥腐熟）、基质化利用（燃料基质）等传统方式（表 11-1），这些技术工艺成熟，但存在发酵周期长，投资大，能耗高且易造成二次污染，资源化利用较差，无法改变国内养殖废弃物散、乱、杂的现状，而且大多数处理技术只是为处理而处理，没有以资源化利用为目的。在此背景下，针对我国养殖废弃物处理效率低、处理过程臭气污染、单位投资成本与能耗高、产品附加值低等问题，山东百德生物科技有限公司联合中国科学院成都生物研究所、中国科学院亚热带农业生态研究所等科研单位研发了适用于不同养殖规模的粪污原位除臭与资源化利用集成化技术，仅需 3 h 即可将腐臭粪污转化为呈酒香味的微生物培养基，经好氧发酵堆肥后熟处理，则可获得生物有机肥。好氧后熟一般需要 7~10 d，至高温发酵结束并恢复到常温状态，视为发酵结束，其间需翻堆 2~3 次。

表 11-1　　　　　　　　　　养殖粪污处理工艺

名称	工艺简介
沼气发酵	粪便是沼气发酵的原料之一，尤其是含水量大的冲水粪便，可以用来制取沼气。

续表

名称	工艺简介
塔式发酵	发酵箱为矩形塔，内部是分层结构，上下通风透气，体积可大可小。有机物料被提升到塔的顶层，通过自动翻板定时翻动，同时落向下层，即发酵腐熟。
滚筒发酵	在粪便中添加一定比例辅料，投入滚筒式发酵设备中，接入发酵菌种，进行发酵。
滚筒烘干	利用滚筒烘干机将粪便迅速干燥。
槽式发酵	发酵槽为水泥、砖砌造，一般每槽内设置通气管，物料填入后用高压送风机定时强制通风，以保持槽内通气良好，促进微生物快速繁殖。使用翻滚机定期翻堆，经过 25~30 d 发酵腐熟。
原位快速发酵设备	使用立式发酵罐或卧式发酵罐，辅料调节水分，定时搅拌供氧，6 h 原位快速发酵。

二、技术简介

以"就地快速处理，除臭与生物转化"相结合的理念，可有效避免因久置导致的病毒细菌传播，并避免因转运导致的二次污染，同时极大地降低运力成本。利用"百德多功能酶解发酵机＋专用微生物除臭剂"将畜禽养殖场排放的养殖粪污进行原位快速处理，做到不转移、就地处理，可在 3 h 内将养殖粪污快速除臭并促腐转化为呈酸甜酒香味的微生物培养基，再经过 7~10 d 的好氧发酵堆肥后熟，制备为生物有机肥。该生物有机肥富含多种益生菌及其代谢产物，可提高动植物的免疫力与抗病力，可有效降低农药及化学类药品的使用，可作为一种安全高效的生态环保型农牧业生产资料，广泛应用于生态农业再循环，如用作养殖舍除臭垫料、水产养殖肥水剂或水质净化剂、有机种植业。为我国农牧产业新旧动能转换与农牧废弃物资源化利用产业提供一套"变废为宝—降本增收—提质增效"的集成化科技支撑。

三、技术原理

粪污中的恶臭物质主要分为挥发性脂肪酸、吲哚类和酚类、氨和挥发性胺类及挥发性含硫化合物。利用百德多功能酶解发酵机，将畜禽粪污与适宜辅料投入百德多功能酶解发酵机混合，接种以中温蛋白质降解菌、高温蛋白质降解菌、纤维素降解菌、定向促腐菌、角蛋白降解菌、产乳酸芽孢菌、氨氧化菌以及硫氧化菌等特异性和调控型微生物为主的专用除臭微生物菌剂，达到 3 h 快速除臭的目的，然后批次出料进行 7～10 d 好氧堆肥发酵制备为生物有机肥。

四、工艺原理

微生物发酵主要有好氧发酵、厌氧发酵等（各发酵工艺见表 11 - 2）。微生物发酵通过创造一种条件可控的固相双动态不饱和发酵环境（图 11 - 1），采用多种限定性微生物组成的专用菌剂，从而实现多种限定性微生物及其代谢产物的快速均衡增殖，并利用其对各类生物质资源进行无害化处理与营养优化的技术。

表 11 - 2　　　　　　　　　　　主要的发酵工艺

发酵条件	特点	优点	缺点
好氧发酵	增氧	生长繁殖，分解。	营养损耗大，10%～15%。
厌氧发酵	缺氧或无氧	产生酸、能源、肥料。	酸败，发酵过度。
兼性发酵	既可好氧又可厌氧	好氧生长繁殖，厌氧产酸或能源。	生长条件不可控。
双动态不饱和发酵	既可好氧又可厌氧，条件可控	控制微生物的生长状态，营养损耗小 2% 左右。	对菌种筛选有严格要求。

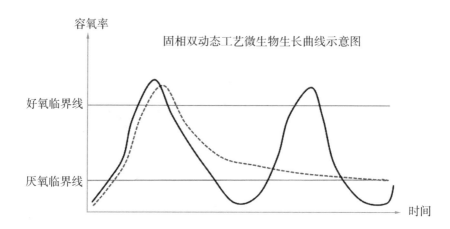

虚线：传统固态发酵微生物生长曲线

实线：固相双动态不饱和酶解发酵过程微生物生长曲线

图 11-1 工艺微生物生产示意图

第二节 粪污原位处理与资源化利用技术应用

一、专用设备——百德多功能酶解发酵机（图 11-2、图 11-3）

图 11-2 百德多功能酶解发酵机　　**图 11-3 养殖场专用小型智能发酵罐**

（1）适用范围：适用于养殖粪污的无害化处理与资源化利用；亦可适用于生物饲料原料预发酵、利用农牧副产物作为微生物培养基经酶解发酵制备功能性酵母培养物。

（2）设备特点：设备具备混合调质、酶解发酵、动态平衡、高效节能、快速除臭集成化功能，仅需3 h即可彻底除臭并转化为微生物培养基，每吨物料耗电仅需10～15 kW·h，发酵过程全密闭、无废水废气排放。

（3）设备参数：卧式机长5.9 m×宽2.3 m×高2.7 m，容积10 m³，内外不锈钢，搅拌功率45 kW；小型立式机直径3.9 m，高3 m。

（4）该设备已通过山东省农机推广鉴定，用户可通过当地农机部门申请农机补贴。

二、专用除臭菌剂——百德环保酵素（图11-4）

环保酵素适用于养殖粪污发酵制备生物有机肥，1 kg可发酵粪便2～3 t；也适用于畜禽养殖舍环境空气净化，1 kg可用于300～500 m² 畜禽养殖舍，当天使用，次日见效。可快速繁殖复合益生菌，抑杀养殖舍内各类致病菌，显著降低氨臭。

图11-4　环保酵素

三、养殖场粪污原位生产工艺

技术工艺见图11-5。

工艺说明：

（1）前处理：含水率高于70%的物料应添

图11-5　技术工艺图

加辅料调节或进行脱水处理，一般采用铲车直接投料；亦可将发酵机组置于预先施工的地坑（投料口高于地面30 cm），采用转运翻斗车直接投料。

（2）快速活化除臭：将秸秆粉/花生壳粉等干燥辅料粉碎后，按配方比例与菌剂、粪便一并投入发酵机进行充分混合，调节物料含水率在40%～60%，设定参数，保温发酵3 h，以活化菌剂，并使粪便快速除臭。

（3）堆积后熟：物料发酵结束后，将物料输送至后熟库暂存，设置参数，当物料温度升至60℃以上时，用铲车进行一次移库，继续好氧发酵，当料温再次达到60℃以上后，会逐步降至常温，即为腐熟完成。

四、粪污原位除臭规划设计（图11-6）

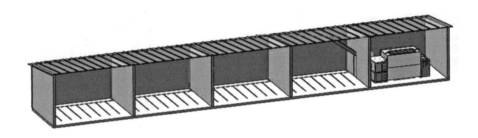

图11-6　粪污原位除臭规划设计

规模养殖场可根据养殖废弃物排放量及实际场地，在场内适宜区域沿围墙间隔若干个后熟库（高4 m以上，便于铲车操作），其中1个后熟库用于安装百德多功能快速发酵机，剩余后熟库用于物料堆积后熟。后熟库墙体应适当加固，避免物料堆积压塌；后熟库数量应根据本场废弃物排放总量进行规划，发酵产物外运时间尽量与养殖场批次出栏时间相对应，以避免交叉污染。如制作有机肥，应在后熟库底部预埋若干条塑料曝气管，可有效缩短后熟时间。

五、注意事项

（1）设备及发酵设施应避免露天存放。

（2）微生物菌剂需要低温或置阴凉处存放，防止菌种失活。

（3）物料发酵需调节适宜的含水率，保持物料松散，发酵过程需按照工艺要求设定温度、供氧、搅拌。

（4）物料发酵需严格按照工艺要求，保证产物安全性。

第三节 技术经济指标

本技术可实现规模养殖场的粪污原位化处理，投资低（表11-3）、回报高，仅需3 h即可实现粪污快速除臭，转化为呈酒香味的微生物培养基，发酵产物。最终富含甘露聚糖（1.8%）、复合氨基酸、活性蛋白肽、多种益生菌，可极大提高植物机体的免疫力、增强抗病力，经后熟处理后可作为一种安全高效的农牧业生产资料用于有机种植或水产养殖。单个项目成本及效益分析见表11-4。

表11-3 粪污原位处理项目投资（日产20 t为例）

名称	单位	单价	数量	金额	备注
农牧副产物酶解发酵机	套	35万元	1	35万元	既可用于养殖废弃物发酵快速处理，从而实现末段治理；又可用于发酵饲料原料，从而实现源头减排
铲车	台	3万元	1	3万元	用于粪污投料、物料转运
发酵后熟库	平方米	300元	300	9万元	包含粪污处理间、后熟库
后熟供氧系统	套	2万元	1	2万元	含罗茨风机、后熟供气管道
小计				49万元	

特别说明：

1. 该预算为预估投资概算，具体须根据实际排放量设计；

2. 后熟库建议养殖场根据实际依墙建设，既节省成本，又少占空间；

3. 该类项目可享受政策性补贴，具体补贴金额须由养殖户向当地政府主管部门咨询。

表 11－4　　　　养殖粪污处理成本及效益核算（日产 20 t 为例）

	项目	单价	日成本与效益分析		吨成本与效益分析	年成本与效益分析（按年产 6000 t 计）
			数量	金额		
成本分析	粪污（按 75%）	60 元/t	15 t	900 元	45 元/t	27 万元
	辅料（按 25%）	400 元/t	5 t	2000 元	100 元/吨	60 万元
	菌剂（按 0.1%）	65 元/千克	20 kg	1300 元	65 元/吨	39 万元
	能耗	0.7 元/千瓦时	400kW·h	280 元	14 元/吨	8.4 万元
	人工费	150 元/天	2 人	300 元	15 元/吨	9 万元
	包装物	1.2 元/个	25 个	600 元	30 元/吨	18 万元
	成本合计	—	20 吨	5380 元	269 元/吨	161.4 万元
效益	产物名称	年产量	含水率	单价	销售产值	利润
	生物有机肥	3430 t	30%	800 元/吨	274 万元	110 万元/年

特别说明：

1. 菌剂成本：不必每次都添加菌剂，可利用已发酵产物作为接种剂，节省大量菌剂成本；

2. 配方辅料：制作功能性微生物菌肥可选用蘑菇渣、秸秆粉、花生壳粉等原料，根据当地情况择优选择；

3. 上述效益测算为毛利概算，尚未计入厂房及设备折旧等财务成本。

第十二章　畜禽粪便污染物
沼气处理技术

第一节　畜禽粪便污染物处理技术原理

一、沼气工程发展概况

沼气工程技术是以厌氧发酵为核心的畜禽粪污处理方式，20 世纪 70 年代末期，国外开始研发沼气处理技术，主要用于处理城市生活污水和畜禽养殖场粪污，目前美国、加拿大等国已开始将沼气利用到国家能源安全方面，但沼气最主要的作用还是发电。

20 世纪 70 年代我国建设了一批沼气发酵的研究项目和示范工程，80 年代，部分省市农村开始示范和推广沼气工程，90 年代中后期，大中型沼气工程在规模化养殖业快速发展的东部地区和大城市郊区快速推广，对减少规模养殖废弃物的环境污染，改变城乡卫生环境起到了积极的作用，至 2010 年，大中型沼气工程项目达到 4700 个，随着我国畜禽养殖业的持续发展和规模化的不断增加，为促进畜禽粪污处理，减少养殖污染，国家将大中型沼气工程项目列入畜禽养殖污染治理和畜禽规模养殖标准化建设的重要内容，加大沼气工程建设财政支持力度，支持工程建设资金大幅增加，沼气工程建设规模和数量有了较大幅度的增加。目前，沼气技术不断发展和完善，采用厌氧发酵的沼气技术已经成为我国大中型畜禽养殖场粪污处理的主要方式之一。

二、沼气工程技术原理

畜禽粪污的沼气处理技术是对畜禽粪污和秸秆等农业废弃物的综合利用，是有机物质在隔绝空气和保持一定水分、温度、酸碱度、碳氮比等条件下，经过多种微生物的分解而产生的。其预处理作用机理是：粪污经预处理满足厌氧反应器进料要求后，通过进料泵和管道进入厌氧反应器；在厌氧反应器内，畜禽粪污在一定的水分、温度和厌氧条件下，被种类繁多、数量巨大、功能不同的各厌氧菌、兼氧菌分解代谢，最终形成沼气（主要为甲烷和二氧化碳的混合气体）；产生的沼气经净化后可直接用作燃气、养殖场及周边农户采暖或炊用，或通过沼气发电机组发电自用，沼液沼渣作为有机肥料还田；冬季对沼气发电机组余热进行回收，用于预处理池及厌氧反应器的保温和增温。

沼气的产生，简单地说是多种微生物（沼气细菌）分解有机物质产生沼气的过程，叫沼气发酵。沼气产生的基本原理，就是厌氧机理，其发酵的生物化学过程，大致可分为液化、产酸、产甲烷三个阶段。

第一阶段（水解阶段）：有机物质（碳水化合物、蛋白质、脂肪等）由于发酵细菌（纤维素分解细菌、蛋白质分解细菌、脂肪分解细菌等）的作用，将多糖水解成单糖，蛋白质水解成肽和氨基酸，脂肪水解成甘油和脂肪酸，并进一步降解成各种低级有机酸，如乙酸、丙酸等，同时，还生成氢气和二氧化碳。

第二阶段（产酸阶段）：主要是由产氢细菌和乙酸细菌，将丙酸、乙酸和乙醇等分解，形成氢和乙酸，间或有二氧化碳形成。

第三阶段（产甲烷阶段）：产甲烷细菌分解乙酸，形成甲烷和二氧化碳，或利用氢还原二氧化碳，形成甲烷，或转化甲酸形成甲烷。在形成的甲烷中，约30％来自氢还原二氧化碳，70％来自乙酸的分解。

沼气发酵的三个阶段是相互依赖和连续进行的，并保持动态平衡。在沼气发酵初期，以第一、第二阶段的作用为主，也有第三阶段的作用；在沼气发酵后期，则是三个阶段的作用同时进行，到一定时间，保持一定的动态平衡才能持续正常地产气。

通过沼气技术处理后，达到畜禽污染物达标排放的目的。受各地地形地貌、气候特征、种养特点的影响，沼气处理技术衍生出了多种处理工艺，从而达到最高效、最经济的对废弃物的综合利用。

三、沼气工程技术的优缺点

1. 优点

（1）减少疾病传播

畜禽养殖场的粪污及其他废弃物中各种病原微生物、寄生虫卵等在经过中高温厌氧发酵后基本都能被杀灭，以减少疾病的传播和蔓延。

（2）增加优质可再生能源利用，缓解国家能源压力

发酵后的沼气经过脱硫处理后，就是优质的清洁燃料；沼液中不仅含有各种氨基酸、维生素、蛋白质、生长素、糖类，还含有各种对植物有害病菌具有抑制和杀灭作用的活性物质，营养成分可以被农作物吸收；沼渣营养成分更加丰富，还有一些矿物质，是优质的固体肥料，也能改良土壤。

（3）改善农村卫生环境，提高农民生活质量

猪场粪污进行厌氧发酵处理可以减少甚至避免粪污贮存的臭气排放，能有效改善养殖场及其周围的空气环境质量。

2. 缺点

（1）大中型规模养殖场污水处理量大，因此要求沼气发酵工程设施投资较大，运行成本高，前期投入大。

（2）发酵过程受温度、季节影响因素大，夏季温度高，产气多，冬季温度低，产气慢且效率低。

（3）厌氧发酵池的设施要求比较高，建筑材料、工艺、施工等达不到要求容易造成漏气或不产气，影响正常运行。

（4）沼液和沼渣处理方式不当，有造成二次污染的可能。

第二节　畜禽粪便污染物沼气处理工艺流程

一、沼气规模工程分类

沼气使用的分类根据用户规模可以分为两大类型，一类是农村户用沼气，另一类是规模化养殖场大中型沼气工程。

1. 农村户用沼气技术

农村户用沼气技术是利用沼气发酵装置，将农户养殖产生的畜禽粪便和人粪便以及部分有机垃圾进行厌氧发酵处理，生产的沼气用于炊事和照明，沼渣和沼液用于农业生产。这一技术既提供了清洁能源和无公害有机肥料，又解决了粪便污染问题。农村户用沼气池一般为 $6\sim10~m^3$，包括沼气发酵装置、沼渣沼液利用装置和沼气输配系统等，如图 12-1。

图 12-1　农村户用新型红泥软体沼气池

2. 集约化畜禽养殖场大中型沼气工程技术

畜禽养殖场大中型沼气工程技术是以规模化畜禽养殖场畜禽粪便污水的污染治理为主要目的，以畜禽粪便的厌氧消化为主要技术环节，集污水处理、沼气生产、资源化利用为一体的系统工程技术。主要由前处理、厌氧消化、后处理、综合利用四个环节组成。一个完整的沼气工程应同时具备治理污染、生产能源和综合利用三大功能，也就是说，畜禽粪便和污水经过厌氧消化后，即可处理废弃物净化环境，获得优质能源（沼气），还可进行生物质资源的多层次综合利用。由于畜禽养殖场沼气工程技术集环保、能源、资源再利用为一体，又被称为畜禽养殖能源环境工程技术，如图 12－2。

图 12－2　某规模养殖场的大型沼气工程

沼气工程按日产沼气量、厌氧消化装置的容积，以及配套系统等进行划分又可以分为特大型、大型、中型和小型等四种，见表12－1。

表 12 - 1　　　　　　　　**沼气工程规模分类和配套系统**

工程规模	日产沼气量 Q / (m^3/d)	厌氧消化装置单体容积 V_1 /m^3	厌氧消化装置总体容积 V_2 /m^3	配套系统
特大型	$Q \geqslant 5000$	$V_1 \geqslant 2500$	$V_2 \geqslant 5000$	发酵原料完整的预处理系统；进出料系统；增温保温、搅拌系统；沼气净化、储存、输配和利用系统；计量设备；安全保护系统；监控系统；沼渣沼液综合利用或后处理系统。
大型	$5000 > Q \geqslant 500$	$2500 > V_1 \geqslant 500$	$5000 > V_2 \geqslant 500$	发酵原料完整的预处理系统；进出料系统；增温保温、搅拌系统；沼气净化、储存、输配和利用系统；计量设备；安全保护系统；沼渣沼液综合利用或后处理系统。
中型	$500 > Q \geqslant 150$	$500 > V_1 \geqslant 300$	$1000 > V_2 \geqslant 300$	发酵原料的预处理系统；进出料系统；增温保温、回流、搅拌系统；沼气的净化、储存、输配和利用系统；计量设备；安全保护系统；沼渣沼液综合利用或后处理系统。
小型	$150 > Q \geqslant 5$	$300 > V_1 \geqslant 20$	$600 > V_2 \geqslant 20$	发酵原料的计量、进出料系统；增温保温、沼气的净化、储存、输配和利用系统；计量设备；安全保护系统；沼渣沼液的综合利用系统。

二、工艺流程

1. 农村户用沼气技术工艺流程

（1）按施工方式分为两种：①预制件施工。采用预制件施工能节约成本，主池体各部位厚薄均匀，受力好、抗压抗拉性能好，可分段施工，缩短地下建池时间，利于地下水位高的地区建池。②混凝土现浇施工。混凝土现浇施工时技术要求较高，要求挖坑和校模准，否则造成池墙厚薄不一，增大建池成本；现浇施工要求一气呵成，不能间歇，在地下水位较高的地区使用该法施工要比预制件施工难。因此，建造农村户用沼气池，预制件施工法要比混凝土现浇施工法更好。

（2）修建沼气池步骤：①查看地形，确定沼气池修建的位置；②拟定施工方案，绘制施工图纸；③准备建池材料；④修建沼气池：放线；挖土方；支模（外模和内模）；混凝土浇捣，或砖砌筑，或预制砼大板组装；养护；拆模；回填土；密封层施工；⑤输配气管件、灯、灶具安装；⑥试压；⑦验收。

（3）新建沼气池尽快启动方法：

①检查沼气池、输气导管的密封性。沼气池建完后，首先要试水、试压以检查密封性。其次要检查输气管道是否漏气。方法是把接导气管一端的输气管路用手堵严，由接炉具一端向输气管内吹气，压力表读数达"8"以上时，迅速关闭开关。用肥皂水涂在各开关、接头等连接处，看是否有气泡产生；也可观察压力表读数是否下降，如2～3 min后不下降，则说明输气管路不漏气。

②选择优质的发酵原料。新池第一次投料，沼气池中应投入畜粪便，不要单独使用鸡粪、鸭粪和人粪，易酸化，影响发酵。投牛粪和猪粪最好，而且应该是新鲜、干净的，粪里不能有杂草和砖、瓦、石块等。

③对选好的发酵原料进行入池前预处理。在新建沼气池旁便于投料的地方，挖一个直径2 m左右的锅底坑，坑深1 m左右即可，坑中铺上一层很大的塑料布，这时把选好的发酵原料堆入坑中，再将准备好的接种物堆入坑中，搅拌均匀，再用塑料布把坑盖好。老沼气池的沼液是最理想的接种物，如果周围没有老沼气池，粪坑底脚的黑色沉渣、塘泥、城镇泥沟污水等也都是良好的接种物。接种物的数量要达到总投料量的10%～30%。如果是在炎热的夏天，预处理三天即可。打开塑料布，看到粪料中有气泡

冒出，同时料液温度达到 50 ℃左右。如果天气较凉，则需预处理 7 d，中间需打开塑料布搅拌两次。

（4）备足入池用水。入池用的水，温度要尽可能高，尽量使其达到 20 ℃～30 ℃。如果是夏天，新池初次投料，发酵料液的浓度不宜过高，以 6％左右为好；如果是冬天，发酵料液的浓度相对要高些，以 10％左右为好。注意不可用井水。

（5）掌握好投料的时间。待以上工作都准备好，就可以投料了。夏、秋季节投料最好，因为这个季节气温高，地温也高，有利于原料发酵。投料时应选择天气晴朗的日子，最好在下午开始投料。

一般情况下，如果用户都按这个程序来操作，基本上可以做到一次投料成功启动。2～3 d 就可产气，并能点着火。

2. 大中型沼气工程技术工艺流程

（1）工艺类型

①按发酵温度分为 3 种：常温（变温）发酵型、中温（35 ℃）发酵型、高温（54 ℃）发酵型。

②按处理原料分为 3 种：处理食品工业有机废水工程型、处理畜禽粪污工程型和处理其他工业有机废水工程型。

③根据沼气工程目的和周边环境条件的不同，大中型沼气工程可分为能源生态模式和能源环保模式。能源生态模式，即沼气工程周边的农田、鱼塘、植物塘等能够完全消纳经沼气发酵后的沼渣、沼液，使沼气工程成为生态农业园区的纽带。如畜禽粪便沼气工程，首先要将养殖业与种植业合理配置，这样既不需要后处理的高额花费，又可促进生态农业建设，所以说能源生态模式是一种理想的工艺模式。能源环保模式，即沼气工程周边环境无法消纳沼气发酵后的沼渣、沼液，必须将沼渣制成商品肥料，将沼液经后处理达标排放。该模式既不能使资源得到充分利用，而且工程和运行费用较高，应尽量避免使用。

（2）工艺流程

大中型沼气工程工艺流程可分为三个阶段，即预处理阶段、中间阶段和后处理阶段。料液进入消化器之前为原料的预处理阶段，主要是除去原料中的杂物和沙粒，并调节料液的浓度。如果是中温发酵，还需要对料液升温。原料经过预处理使之满足发酵条件要求，减少消化器内的浮渣和沉沙。料液进入消化器进行厌氧发酵，消化掉有机物生产沼气为中间阶段。从消化器排出的消化液要经过沉淀或固液分离，以便对沼渣进行综合利用，这为后处理阶段。一个完整的大中型沼气发酵工程，无论其规模大小，都包括如下工艺流程：原料（废水）收集、原料预处理、沼气发酵、出料的后处理和沼气的净化、储存和输配等，大致可用以下路径表示（图12-3）。

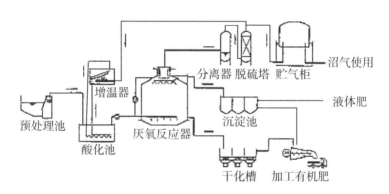

图 12-3 沼气工程的工艺流程图

①原料收集

在畜禽场时就应当根据当地条件合理安排废物的收集方式和集中地点，以便就近进行沼气发酵处理。收集到的原料一般要进入调节池储存，因为原料收集时间往往比较集中，而消化器的进料常需在一天均匀分配。所以调节池的大小一般要能储存 24 h 废物量。在温暖季节，调节池常可兼有酸化作用，这对提高原料可消化性和加速厌氧消化都有好处。若调节池内原料滞留期过长，会因耗氧呼吸作用或沼气发酵的进行而损失沼气产量。

②原料预处理

原料常混杂有生产作业中的各种杂物，为便于用泵输送及防止发酵过程中出现故障，或为了减少原料中的悬浮固体含量，有的在进入消化器前要进行升温或降温等，因而要对原料进行预处理。前处理装置包括预处理池、调节池、增湿装置和固液分离设备等。这些装置和设备对于保证沼气工程系统的稳定运行具有重要的作用。沼气工程的前处理系统和堆肥系统有共同特征，即以工艺要求为出发点，使发酵设备具有改善、促进微生物新陈代谢的功能，最终达到缩短发酵周期、提高发酵速度、提高生产效率、实现机械化生产的目的（图 12 - 4）。

图 12 - 4　某规模养殖场的沼气系统的发酵罐

在预处理时，牛和猪粪中的长草、鸡粪中的鸡毛都应去除，否则极易引起管道堵塞。采用搅龙除草机去除牛粪中的长草，可以收到较好的效果，再配用收割泵进一步切短残留的较长纤维和杂草可有效防止管道阻塞。鸡粪中含有较多贝壳粉和砂砾等，必须进行沉淀清除，否则会很快大量沉积于消化器底部，不仅难以排出，而且会影响沼气池容积。目前采用的固液分离方式有格栅机、搅龙除草机、卧螺式离心机、水力筛、板柜压力机、带式压滤机和螺旋挤压式固液分离机等。其中，螺旋挤压式固液分离机主要用于悬浮固体含量高，且易分离的污水，如新鲜猪粪污水；水力筛一般均采用不锈钢制成，用于杂物较多、纤维长中等的污水，如猪粪污水、鸡粪污水等，且其分离效果好，安装方便，易于管理，在南方应用较为广泛。

③沼气发酵

沼气发酵又称厌氧消化、厌氧发酵。有机物质（如人畜家禽粪便、秸秆、杂草等）在一定的水分、温度和厌氧条件下，通过各类微生物的分解代谢，最终形成甲烷和二氧化碳等可燃性混合气体的过程，最后实现沼气、沼液、沼渣的综合利用。

④出料的后处理

出料后处理的方式多种多样，采用能源生态模式，最简便的方法是直接用作肥料施入农田或鱼塘，但施用有季节性，不能保证连续的后处理，应设置适当大小的贮液池，以调节产肥与用肥的矛盾。如采用能源环保模式，则是将出料进行沉淀后再将沉渣进行固液分离，固体残渣用作肥料或做成适用于各种作物或花果的复合肥料，很受市场欢迎，并有较好的经济效益。清液部分可经曝气池、氧化塘、人工湿地处理设备进行深度处理，经处理后的出水，可用于灌溉或达标后排入水体，但花费较大。

⑤沼气的净化、储存和输配

沼气发酵时会有水分蒸发进入沼气，由于微生物对蛋白质的分解或硫酸盐的还原作用也会有一定量硫化氢（H_2S）气体生成并进入沼气。水的冷凝会造成管路堵塞，有时气体流量计中也充满了水。H_2S 是一种腐蚀性很强的气体，它可引起管道及仪表的快速腐蚀。H_2S 本身及燃烧时生成的 SO_2、H_2SO_3、H_2SO_4，对人都有毒害作用。大型沼气工程，特别是用来进行集中供气的工程必须设法脱除沼气中的水和 H_2S。脱水通常采用脱水装置进行。沼气中的 H_2S 含量在 $1\sim12\ g/m^3$ 之间，蛋白质或硫酸盐含量高的原料，发酵时沼气中的 H_2S 含量就较高。硫化氢的脱除通常采用脱硫塔，内装脱硫剂进行脱硫。因脱硫剂使用一定时间后需要再生或更换，所以脱硫塔最少要有两个轮流使用。沼气的输配是指将沼气输送分配至各用户（点），输送距离可达数千米。输送管道通常采用金属管，近年来也采用高压聚乙烯塑料管、PE管、PPR管等作为输气干管。用塑料管输气避免了金属管的易锈蚀等问题。气体输送所需的压力通常依靠沼气产生池或储气柜所提供的压力即可满足，远距离输送可采用增压措施。

第三节　畜禽粪便污染物沼气处理技术

一、户用型沼气池设计

1. 农村沼气池

（1）技术路线（工艺流程）　目前我国建设的农村沼气池，一般都采用底层出料水压式沼气池型。在水压式沼气池的基础上进行改进和发展，还研究出了强回流沼气池、分离贮气浮罩沼气池（非水压式）、旋流布料自动循环沼气池等。工艺流程见图12-5、图12-6、图12-7。

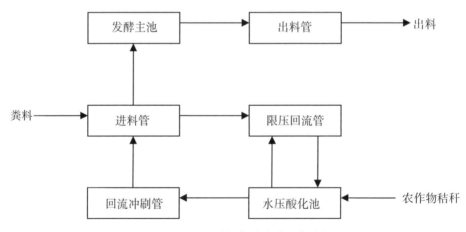

图12-5　强回流沼气池发酵工艺流程

（2）主要技术环节及要点

①各部件和设备的特点

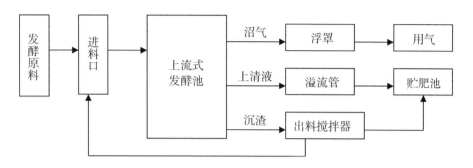

图 12-6 分离贮气浮罩沼气池发酵工艺流程

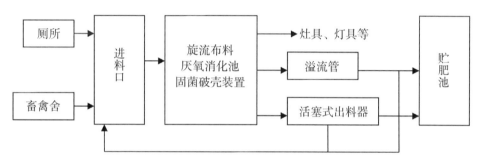

图 12-7 旋流布料自动循环沼气池发酵工艺流程

我国沼气池的最主要部件有三个部分：进料口、发酵池、出料间。发酵池是核心部件，必须满足能够密闭，有一定的池容、抗压强度、使用寿命且便于维修等要求。

②技术的主要性能参数

气密性：设计池内气压为 8 kPa 或 4 kPa 时，24 h 观测（水压法或气压法均可）漏损率小于 3% 为合格。

产气率：目前我国农村沼气池一般为常温发酵，在满足发酵工艺要求和正常使用管理的条件下，池容日产气量为 0.2~0.4 m³。

正常贮气量：为日产气量的 50%。

强度安全系数：$K \geqslant 2.65$。

正常使用寿命：20 年以上。

活荷载：2000 kN/m²。

地基承载力设计值：≥50 kPa。

工作气压：池内正常工作气压≤8 kPa，最大气压限值≤12 kPa，采用浮罩贮气的，可选≤4 kPa。

沼气池容积：根据农户的养殖规模和日最大耗气量确定，是设计中的一个关键，目前在我国广大农村地区多采用6～10 m³的沼气池。

投料量：应根据不同的贮气方式确定。水压式沼气池，设计最大投料量以不大于主池容积的90％为宜；浮罩贮气和气袋贮气的沼气池，设计最大投料量可按主池容积的95％考虑。

③推广该项技术需要注意的事项

要充分发挥其能源、生态、经济多种效益，为农民提供优质生活能源，改善庭院卫生环境，必须在保证建设质量的同时，还应注重后期管理维护，同时引导农户开展沼液、沼渣综合利用，推广应用"四位一体"和"猪—沼—果"等多种模式，发展循环农业。

④主要技术和建设模式

目前我国沼气主要有底层出料水压式沼气池、强回流沼气池、分离贮气浮罩沼气池、旋流布料自动循环沼气池、曲流布料沼气池等池型。根据地域、气候、环境条件和各地农业发展的特点有北方"四位一体"能源生态模式与技术，南方"猪—沼—果"能源生态模式与技术，西北"五配套"能源生态模式与技术等。在实际推广中，推行了"一池三改"，即在建设沼气池的同时，统一规划，将沼气池、畜禽舍、厕所同步连通改造或新建。

2. 养殖场大中型沼气工程的技术要点

(1) 养殖场大中型沼气工程技术路线（工艺流程）

在为规模化畜禽养殖场、屠宰场设计大中型沼气工艺流程时，首先要明确工程最终要达到的目标。最终目标基本上有三种类型：一是以生产沼气和利用沼气为目标；二是以达到环境保护要求，排水符合国家规定的标准为目标；三是前两个目标相结合，对沼气、沼液和沼渣进行综合利用，实现生态环境建设。沼气工程的工艺类型选择主要是依据沼气工程的建设目的和环境条件。工艺选择原则是在生产沼气的同时，必须满足环境要求，不能造成二次污染。

图 12-8、图 12-9 分别为沼气工程的一般基本工艺流程和能源-环保型、能源-生态型工艺流程图。

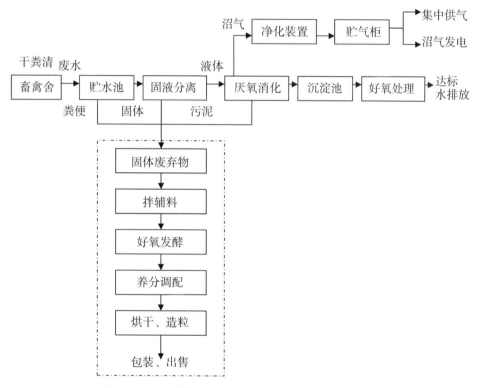

图 12-8 畜禽养殖场能源-环保型沼气工程工艺流程

（2）主要技术环节

由于原料不同，运行工艺不同，每个阶段所需要的构筑物和选用的通用设备也各有不同。目前常规工艺系统选型与设计一般可分为五大部分，包括前处理装置，厌氧消化器，沼气的收集、贮存及输配系统，沼液后处理装置，沼渣处理系统。

畜禽粪便资源化利用新技术

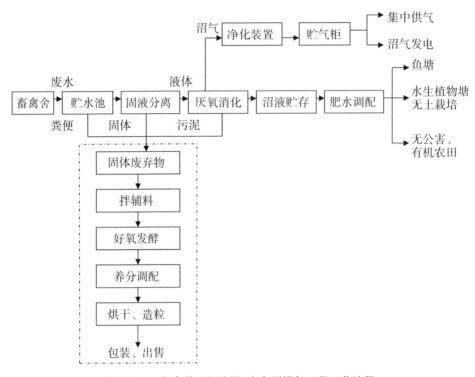

图 12－9　畜禽养殖场能源－生态型沼气工程工艺流程

1）前处理装置

前处理系统由进料系统、供料系统、贮存系统、混合搅拌系统和输送系统等组成，进料系统和供料系统是由地磅秤、贮料仓、进料斗以及起重机组成，由畜禽粪便收集车运进畜禽粪便经地磅秤称量后，通过进口车道或出口车道进入卸料台，将畜禽粪便卸入堆料场的贮存池。堆料场应保证适当大小和强度能保证粪便收集车的通过，同时防风防雨，配有照明和通风装置。贮存池的容量应根据计划收集堆肥厂的畜禽粪便量，设备的操作计划，日收集量和降雨等情况的变化量因素来确定。畜禽粪便通过起重机械或装载机械从贮存池运到料斗中，或直接从堆料场送到处理设备。

混合搅拌系统主要帮助堆肥发酵，堆肥发酵装置种类繁多，除结构形式不同外，主要差别在于搅拌发酵物料的翻堆机械不同，大多数翻堆机械兼有运输作用，常用的有以下几种。一是翻堆机发酵池，可以根据发酵工艺的需要定期对物料进行翻动，搅拌混合，破碎，运输物料，一般发酵时间为7～10 d，翻堆次数为一天一次。二是多段竖炉式发酵仓，这种发酵仓的优点在于搅拌很充分，但旋转轴扭矩大，设备费用和动力费用高。三是筒仓式发酵仓，为单层圆筒状，深度为4～5 m，大多数为钢筋混凝土结构。四是螺旋搅拌式发酵仓。五是水平发酵滚筒。

2）厌氧消化器

无论哪种厌氧处理工艺，在处理畜禽粪污时都必须进行格栅处理、沉池处理、调节池处理及固液分离处理，其中固液分离处理是预处理中最重要的一环，对后续厌氧消化的运行有着重要的影响，无论采用哪种固液分离技术，最重要的指标是降低液体部分的 BOD、COD、悬浮物含量，减轻粪污的处理难度，降低粪污处理设施的投资，缩短粪水处理时间，减少粪污水处理设施的运行费用。下面介绍几种常见厌氧反应器。

①常规厌氧反应器：也称为常规沼气池，是一种结构简单、应用广泛的工艺类型，该消化器无搅拌装置，原料在消化器内呈自然沉淀状态，一般分为4层，从上而下依次为浮渣层、上清液层、活性层和沉渣层，其中易于消化活动旺盛的场所只限于活性层，因而效率较低，多在常温条件下运行。我国农村最常用的施压式沼气池属常规消化器。

②全混式消化器：是在常规消化器内安装了搅拌装置，使发酵原料和微生物处于完全混合状态。与常规消化器相比，使活性区遍布整个消化区，其效率比常规消化器有明显提高，故又名高速消化器。该消化器常采用恒温连续投料或半连续投料运行，适用于高浓度及含有大量悬浮固体原料的处理，在该消化器内，新进入的原料由于搅拌作用很快与发酵器内的发酵液混合，使发酵底物浓度始终保持相对较低的状态。而其排出的料液又与发酵液的底物浓度相等，并且在出料时微生物也一起被排出，所以，出料浓度一般较高。该消化器具有完全混合的功能，其水力停留时间、污泥停留时间、微生物停留时间完全相等。为了使生长缓慢的产甲烷菌的增殖和冲出速度保持平衡，要求水力停留时间（HRT）较长，一般要10～

15 d 或更长的时间。

③塞流式反应器：亦称推流式消化器，是一种长方形的非完全混合消化器，高浓度悬浮固体原料从一端进入，从另一端流出，原料在消化器内的流动呈活塞式推移状态。在进料端呈现较强的水解酸化作用，甲烷的产生随着向出料方向的流动而增强。由于进料端缺乏接种物，所以要进行污泥回流。在消化器内应设置挡板，有利于运行的稳定。塞流式消化器在牛粪厌氧消化上也广泛应用，因牛粪质轻、浓度高、长草多、本身含有较多产甲烷菌、不易酸化，所以，用塞流式消化器处理牛粪较为适宜（表 12 - 2）。该消化器要求进料粗放，不用去除长草，不用泵或管道输送，使用斗车直接将牛粪投入池内。采用总硫为 12% 的浓度使原料无法沉淀和分层。生产实践表明，塞流式池不适用于鸡粪的发酵处理，因鸡粪沉渣多，易生成沉淀而形成大量死区，严重影响消化器效率。

表 12 - 2　　　　　　　　　　塞流式消化器与常规沼气池比较

池型及体积	温度/℃	负荷/[kg/(m³·d)]	进料（总硫含量）/%	HRT/d	产气量/(L/kg)	CH_4/%
塞流式	25	3.5	12.9	30	364	57
	35.7	—	12.9	15	337	55
常规池	25	3.6	12.9	30	310	58
	35.7	—	12.9	15	281	55

塞流式消化器的优点：a. 不需搅拌装置，结构简单，能耗低；b. 除适用于高悬浮物废物的处理外，尤其适用于牛粪的消化；c. 运转方便，故障少，稳定性高。

塞流式消化器的缺点：a. 固体物可能沉淀于底部，影响消化器的有效体积，使 HRT 和 SRT 降低；b. 需要固体和微生物的回流作为接种物；c. 因该消化器面积/体积的比值较大，难以保持一致的温度，效率较低；d.

易产生结壳。

④上流式厌氧污泥床反应器（UASB）：UASB 是目前发展最快的消化器之一，其特征是自下而上流动的污水流过膨胀的颗粒状的污泥床。消化器分为三个区，即污泥床、污泥层和三相分离器。分离器将气体分流并阻止固体物漂浮和冲出，使 MRT 比 HRT 大大增长，产甲烷效率明显提高，污泥床区只占消化器体积的 30%，但 80%～90% 的有机物在这里被降解。该工艺将污泥的沉降和回流置于同一个装置内，降低了造价。UASB 的优缺点。优点：除三相分离器外，消化器结构简单，没有搅拌装置及填料；较长的 SRT 及 MRT 使其实现了很高的负荷率；颗粒污泥的形成使微生物天然固定化，增加了工艺的稳定性；出水悬浮物含量低。缺点：需要安装三相分离器；需要有效的布水器，使进料能均匀分布于消化器底部；要求浸水悬浮物含量低；在水力负荷较高或悬浮物负荷较高时易流失固体和微生物，运行技术要求较高。

⑤内循环厌氧反应器（IC）：是目前世界上效能最高的厌氧反应器。该反应器集 UASB 反应器和流化床反应器的优点于一身，利用反应器内所产沼气的提升力实现发酵料液内循环。IC 的基本构造如同把两个 UASB 反应器叠加在一起，反应器高度可达 16～25 m，高径比可达 4～8，在其内部增设了沼气提升管和回流管，上部增加了气液分离器。该反应器启动时，需投加大量颗粒污泥。运行过程中，将第一反应室所产沼气经集气罩收集并沿提升管上升作为动力，把第一反应室的发酵液和污泥提升至反应器顶部的气液分离器，分离出的沼气从导管排走，泥水混合液沿回流管返回第一反应室内，从而实现了下部料液的内循环。如处理低浓度废水时循环流量可达进水量的 10～20 倍。其结果是第一厌氧反应室不仅有很高的生物量和很长的污泥滞留期，而且有很大的升流速度，使该反应室的污泥和料液基本处于完全混合状态，从而大大提高了第一反应室的有机物去除能力。经第一反应室处理过的废水，自动进入第二厌氧反应室。废水中的剩余有机物可被第二反应室内的颗粒污泥进一步降解，使废水得到更好的

净化。经过两级处理的废水在混合液沉淀区进行固液分离，清液由出水管排出，沉淀的颗粒污泥可自动返回第二反应室，这样就完成了全部废水处理过程。与其他形式的反应器相比，IC具有容积负荷率高、占地面积小、不必外加动力、抗冲击负荷能力强、启动时间短，以及缓冲pH值的能力好、出水的稳定性好等技术优点。这种工艺虽然效率较高，但对悬浮物较多的物料并不适用，主要适用于工业有机废水的处理。

⑥升流式固体反应器（USR）。USR是一种简单的反应器，它能自动形成比HRT较长的SRT和MRT，未反应的生物固体和微生物靠自然沉淀滞留于反应器内，可进入高悬浮物原料如畜禽粪水和乙醇废液等，而且不需要出水回流和气/固分离器。该反应器适用于高悬浮物原料，应用前景广阔。

⑦折流式反应器。在这种消化器里，由于挡板的阻隔使污水上下折流穿过污泥层。这样每一个单元都相当于一个反应器，反应器的总效率等于各反应器之和。

⑧附着膜型消化器。附着膜型消化器的特征是在反应器内安装有惰性支持物（又称填料）供微生物附着，并形成生物膜。进料中的液体和固体在穿过填料时，滞留微生物于生物膜内，并且在HRT相当短的情况下，可阻止微生物冲出。

⑨膨胀颗粒污泥床反应器（EGSB）。EGSB实际上是改进的UASB，该工艺为了获得较高的上升流速，采用高达$20\sim30$ m的反应器出水回流，使厌氧颗粒污泥在反应器内呈膨胀状态。

⑩单元混合塞流式厌氧消化器（RPR）。RPR是在高浓度、塞流及搅拌三结合厌氧消化器（HCPF）基础上根据厌氧发酵的不同阶段，将消化器分解成若干个单元，并通过厌氧单元内的不同搅拌强度及单元之间的料液混合，实现高效的厌氧消化过程。该反应器为物料从大分子生物多聚体经过有机物水解发酵、产氢产乙酸、甲烷和同型产乙酸各阶段到甲烷转化的各阶段提供了比较适宜的生长环境条件，从而达到提高物料总固体含量

和单位容积产气率、降低运行能耗等目的。

⑪厌氧接触消化器。接触式厌氧工艺主要用于处理生活污水和工业废水。

⑫纤维填料生物膜消化器。纤维填料固定床生物膜消化器实质上是AF结构形式的一种，采用维纶制成的纤维填料。

（3）沼气的收集、贮存及输配系统

沼气的收集、贮存及输配对于保证向用户稳定供气和高效率使用具有关键性的作用。沼气的收集系统由收集井、集气柜、输气管道和抽气泵等组成，气体借助气压流向特定的收集井，通过输气管道引至集气柜后，再集中输往抽气泵站，富集的沼气经冷凝脱水后即可直接燃烧，或经净化处理送入内燃机或发电机组。

沼气从污泥的表面散发出来，聚集在反应器的上部，集气室就应该建在厌氧反应器的顶部，有足够的尺寸和高度，保持气密性，防止沼气外溢和空气渗入，同时避免压力过大，产生装置变形或其他安全事故。

气体收集装置必须能够去除积在气室的气体，保持正常的气液界面，管径要求足够大，且由于沼气中含有蒸汽和硫化氢，容易被腐蚀，因此对混凝土结构应进行防腐处理，涂层应深入泥位 0.5 m 以下，另外对于钢结构的除防腐外还需要进行防电化学腐蚀，气体出气口应高于集气室最高水面，防止繁殖浮渣和消化液进入沼气管。输气管和贮气柜以及配气管都需要防腐，最好使用防腐镀锌管或铸铁管。

沼气的集输。不论采用竖井还是水平管线收集，最终均需要将沼气汇集到总干管进行输送。输气管道除设置有必要的控制阀、流量压力监测仪和取样孔外，还应考虑冷凝液的排放。输送系统也有支路和干路，干路之间相互联系形成一个闭合回路。因此，压力差的计算要考虑最远的支路和干路。井头的管道必须充分倾斜，以提供排水能力，集气干管一般要 3%的坡降，对于更短的管道系统甚至要有 6%～8% 的斜率。为排出冷凝液，在干管底部可设置冷凝液排放阀。

沼气的贮存。贮气技术按压力大小分为低压、中压和高压贮存三种。目前，最受青睐的贮气技术为高压贮存。贮气容器为 30 L 或 50 L 的钢瓶，压力 150～350 Pa 不等，一般按平均日产气量的 25%～40% 即按 6～10 h 的平均产气量来计算。要对压缩设备进行防腐蚀处理，沼气在回收利用之前，应脱除其中的惰性气体（如 CO_2，N_2 等）和有害的微量组分（H_2S、硅氧烷、卤代烃等），以增加燃烧热值、降低集输费用。沼气的净化步骤包括：颗粒与水脱除的预处理、深冷脱氮、酸性气体和微量组分的脱除等，涉及的单元操作有：过滤、深冷、吸收、吸附、膜分离等。由于组分的复杂多变，根据沼气的最终用途，通常需要联合多种工艺对其进行净化处理。

沼气的预处理。杂质颗粒和水的脱除是沼气净化的第一步，常用的吸收溶剂有聚乙二醇、氯化钙溶液、甘醇类化合物；固体吸附剂有活性氧化铝、硅胶、分子筛等；所用的物理单元有筛网、预过滤器、气液聚结器、冷凝器、重力沉降器、旋风分离器和过滤分离器等。近年来，膜分离和低温相变分离在颗粒与水的脱除研究上也有了新的进展。

深冷处理。深冷脱氮工艺具有处理量大、脱除效率高、技术成熟可靠等优点，应成为我国优先发展的填埋沼气脱氮技术。深冷脱氮工艺是将具有一定压力的沼气经多次节流降温后部分或全部液化，再根据氮气与甲烷相对挥发度不同，用精馏的方法脱除氮气。深度冷冻处理还可除去引起发动机严重腐蚀的杂质组分。它先将气体压缩至一台加压罐，通过等熵膨胀冷凝其中的水蒸气；然后向气体中注入甲醇，使其深度制冷；在甲醇冷凝液中，即包含有从深度制冷的填埋沼气中脱除的杂质组分，经杂质分离脱除后的气体，则可作进一步处理。

吸附分离。吸附分离是通过吸附剂对气体组分的选择性吸附来实现的。可净化填埋沼气的吸附剂有活性炭、硅胶、分子筛等，其中活性炭因其较大的表面积、良好的微孔结构、多样的吸附效果、较高的吸附容量和高度的表面反应性等特征，应用最为广泛。在沼气的净化操作中，CO_2 及杂质气体在加压下的吸附单元中被选择性吸附，使其与 CH_4 分离，随后于再生单元中减压后解吸，使其排出系统，吸附剂得到再生。

膜分离。膜分离技术具有分离效率高、能耗低、设备简单、工艺适应性强等特点，它是利用沼气中各种气体组分对渗透膜选择透过速率的不同，将 CH_4 与其他杂质气体分离。由于气体分离效率受膜材料、气体组成、压差、分离系数以及温度等多种因素的影响，且对原料气的清洁度有一定要求，膜组件价格昂贵，因此气体膜分离法一般不单独使用，常和溶剂吸收、变压吸附、深冷分离、渗透蒸发等工艺联合使用。

生物净化。针对沼气成分复杂、气量大、杂质组分浓度低的特点，可使用生物过滤床脱除其中的微量组分。当沼气流经滤床时，通过扩散作用，将污染成分传递到生物膜上，并与膜内的微生物相接触而发生生化反应，从而使沼气中的污染物得到降解。

溶剂吸收。近年来，MDEA（甲基二乙醇胺）法因其设备成本低、操作简便、净化效果好，而引起了广泛关注。据报道，常压多胺法可以有效去除 CO_2，解吸气中的甲烷，含量低于 0.12%，其回收率大于 96%。物理吸收法能耗低，适用于 CO_2 分压较高的沼气净化，但由于 CO_2 和 H_2S 在水中的溶解度太低，需要添加一些有机溶剂，以求更好的净化效果。

沼气净化的联合工艺。近年来，填埋沼气净化的单一工艺、新型工艺和联合工艺层出不穷，这些工艺大都是从天然气净化工艺及传统的化工工艺发展而来的。典型的联合工艺有物理分离-化学氧化洗涤-催化吸附、深冷-溶剂吸收-膜分离、生物过滤-变压吸附-分子筛过滤等，它们不仅使填埋沼气的净化效率大大提高，其工艺经济性也越来越接近实用化的水平。

在沼气的适当地点应设水封罐，以便调节和稳定压力，在消化池、贮气柜、压缩机、锅炉房等构筑物之间起隔绝作用，也可起到排出冷凝水的作用。

阻火器，是安装在贮气罐上的重要安全设施，它能允许易燃易爆气体通过，对火焰有阻止窒息作用，要求结构合理，耐腐性强，耐烧，阻爆。

（4）沼液后处理装置

畜禽养殖场的废水沼液处理通常由预处理（固液分离，沉淀，贮存）、生化处理（氧化塘、各种人工生化反应器）组成，使废液排放达到标准，其设施设备包括固液分离设备、发酵液沉淀池、好氧厌氧处理设施以及废液的排放设施等，都是确保达标排放不可缺少的组成部分。

固液分离设备包括漏缝地板（养猪）、机械格栅、水力筛网、螺旋挤压分离机、沉淀发酵池，发酵池的深度受垫料厚度的影响，而垫料厚度受发酵类型、养殖对象、气候、季节等多种因素的影响，干撒式发酵床垫料厚度比湿式发酵床可降低 40%。饲养育成猪比饲养保育猪厚度应至少增加 30%，南方厚度可比北方降低，夏季比冬季低，一般保持在 40～100 cm 合适。

发酵池一般可设为地上式、半地上式和地下式，地上式发酵池建在地面上，垫料槽底部与畜禽舍外地面持平或略高，硬地平台和操作通道需垫高 40～100 cm，地面上的模式能够保持畜禽舍的干燥，特别是可防止高地下水地区雨季返潮，但建设成本太高，适合于南方地下水位高的地区。地下式发酵池建在地面以下，池深保持 40 cm 左右，冬季越寒冷越要加大发酵池的深度，适宜老畜禽舍的改建，优点是冬季保温性能好，适合于北方寒冷干燥地区或地下水位低的地区。半地下式发酵池一半在地下，一半在地上，池深与地上式基本一致，优点是建设成本低于地上式，又较地下式便于养护，还解决了季节性地下水位过高问题，适用于北方地区或南方坡地。

除了前面介绍的几种常见厌氧处理方法，畜禽粪污水及沼液处理还有自然生化处理法和人工好氧处理法。自然生化处理法包括氧化塘处理法和土地处理法。氧化塘是一种依靠微生物生化作用来降解水中污染物的天然池塘或经过一定人工修整的有机废水池塘，有好氧塘、兼性塘、厌氧塘、水生植物塘、曝气处理塘等。人工好氧处理法主要依赖好氧菌和兼性厌氧菌的生化作用来完成处理过程，采用曝气的方法对反应器充氧为曝气塘的一种，在粪便污水处理中，由于所处理的污水有机物含量较高，通常只采用一种好氧处理方法很难达到排放或再利用的标准，因此好氧处理方法通常与厌氧处理方法并用，对厌氧出水进一步处理，好氧处理方法主要有活性污泥法和生物膜法两种。

（5）沼渣处理系统

沼渣由于富含有机质等，因此沼渣好氧堆肥生产生物肥料渐渐成为沼渣处理的一种主要趋势。沼渣处理包括发酵后固体残余物的干燥、固液分离和制造颗粒肥料和饲料等设备，是改善整个工程的经济性和实现资源综合利用的主要技术措施。目前，国内外市场上有各种不同的沼渣固液分离机，针对沼渣量小的堆肥情况有一种小型的箱式堆肥工艺设备，是一种集沼渣搅拌、翻抛曝气及臭气和渗滤液收集于一体的小型好氧堆肥发酵装置。将经过预处理后的沼渣置于箱式堆肥设备中，并通过翻抛辅以箱体内曝气，将沼渣在短时间（箱式堆肥设备的生产周期为 8～10 d）内降解稳定的堆肥工艺，制成生物肥料，同时对产生的臭气及渗滤液收集集中处置。整体的自动化程度更高，更节省占地（图 12 - 10）。

图 12 - 10　某规模养殖场的沼液后处理系统

第四节　沼气发酵的条件

沼气发酵是由多种细菌群参与完成的，人工制取沼气的基本条件是：沼气细菌、发酵原料、发酵浓度、酸碱度、厌氧环境和适宜的温度。

一、充足的发酵原料

1. 优良的沼气细菌。制取沼气必须有沼气细菌才行。这和发面需要酵母菌一样。沼气发酵启动时要有足够数量含优良沼气菌种的接种物，普遍存在于粪坑底污泥、下水污泥、沼气发酵的渣水、沼泽污泥、豆制品作坊中的污泥，人们通常把这些含有大量沼气发酵细菌的污泥称为厌氧活性污泥或接种物，将沼气发酵原料加入接种物的操作过程称为接种。这些含有大量沼气发酵细菌的污泥称为接种物，人工制取沼气时可以到这些地方去收集菌种。

2. 厌氧活性污泥。厌氧活性污泥是由厌氧消化细菌与悬浮物质和胶体物质结合在一起所形成的具有很强吸附分解有机物能力的凝絮体、颗粒体或附着膜。由于厌氧消化过程中有 H_2S 的生成，使厌氧活性污泥往往呈黑色，发育良好的污泥呈油亮的黑色。但在悬浮固体较多的消化器里，厌氧活性污泥往往呈絮状，黑色或灰黑色。对新建的沼气池第一次装料，如果不加入足够数量的接种物，就不能很快产气，甚至还会导致因产酸过多使发酵受阻。一般情况下，在新池启动或老池大换料时，加入接种物的数量应占到发酵料液总重量的 $10\%\sim30\%$。

3. 充足的发酵原料。沼气发酵原料是产生沼气的物质基础，又是沼气发酵细菌赖以生存的养料来源。因为沼气细菌在沼气池内正常生长繁殖过程中，必须从发酵原料里吸取充足的营养物质，如水分、碳素、氮素、无机盐类和生长素等，用于生命活动，成倍繁殖细菌和产生沼气。在沼气发酵过程中，沼气发酵原料既是产生沼气的底物，又是沼气发酵细菌赖以生存的营养来源。自然界中，可用于沼气发酵的原料十分丰富，如家畜、家禽粪便、农作物秸秆、杂草、树叶、乙醇和味精、柠檬酸、淀粉、豆制品废水等。沼气发酵原料因碳素、氮素含量不同可分为富碳原料和富氮原料。富碳原料碳素所占比例多在 40% 以上，如农作物秸秆、杂草、树叶等。这些原料发酵速度慢，产气周期长，有些表面覆盖蜡质，不易水解，入池前应进行必要的预处理。富氮原料碳素所占比例多在 30% 以下，碳、氮比都小于 25:1，如人粪尿、禽粪、豆制品废液等。富氮原料是沼气细菌赖以生存的主要营养来源，在沼气发酵过程中，易水解，产气快，入池前不需预处理。沼气发酵要求合适的碳氮比，一般情况下，保持碳:氮比为（20～30）:1 相对比较适宜，这就要求在实际生产中对沼气发酵原料进行必要的合理搭配。具体搭配办法应参照不同原料的碳、氮比情况进行。

二、严格的厌氧环境

在发酵中起主要作用的微生物是厌氧分解菌和产甲烷菌。它们严格厌氧、在空气中暴露几秒就会死亡，就是说空气中的氧气对它们有毒害致死的作用。尤其是产甲烷菌，需要在隔绝空气的条件下，才能进行正常的生命活动。它们对氧特别敏感，在生长、发育、繁殖、代谢的整个生命活动中都不需要氧气，即使微量的氧气存在，也会使其生命活动受到抑制，甚至死亡。所以，在人工制取沼气修建沼气池时必须严格密闭，确保不漏水，不漏气，才能保证沼气细菌正常的生命代谢活动。因此，严格的厌氧环境是沼气发酵的最主要条件之一。

三、适宜的发酵温度

温度是生产沼气的重要条件。沼气发酵的温度范围较广，一般说沼气细菌在 8 ℃～60 ℃范围内都能进行发酵，都能产生沼气。温度低于 8 ℃或高于 60 ℃会严重抑制沼气微生物的活动、生存或繁殖，影响产气。人们把沼气发酵的温度划分为三个区域范围，即：20 ℃以下为低温发酵，

20 ℃～45 ℃为中温发酵，50 ℃～60 ℃为高温发酵。多数甲烷菌活动的适宜温度为 25 ℃～40 ℃，在这一范围内，温度越高，产气越快。如果用工业生产排出的有机废水、废物、酒糟等作沼气发酵原料，由于排放温度都在 70 ℃以上，就不需要补充热量来提高发酵原料温度，可采用高温发酵。农村建的沼气池，因条件限制，一般都采用常温发酵，冬季会因池温低出现产气少或不产气现象。在北方寒冷地区，为提高沼气池温度，采取必要的保温、增温措施，把沼气池修建在塑料日光温室内或太阳能畜禽圈舍内，使池温增高，提高了冬季的产气量，达到常年产气。

四、中性适度的 pH 值

沼气发酵最适宜的 pH 值为 6.8～7.4，在 6.4 以下或 7.6 以上，都会对沼气微生物产生抑制作用，影响产气。pH 值低于 4.9 或高于 9 时均不产气。影响 pH 值变化的因素主要有三点：一是发酵原料，如丙酮丁醇废醪等，这些原料本身就含有大量的有机酸；二是沼气池启动时投料浓度过高，接种物中的甲烷菌数量又不足，造成产酸与产甲烷的速度失调引起挥发酸积累；三是投料时不注意，使料液中混入了大量的强酸或强碱物质。正常情况下，由于沼气细菌的相互作用，会使沼气发酵相对具有一定的缓冲能力，一般不需要调节 pH 值，靠其自动调节就可达到平衡。沼气发酵初期，由于产酸细菌的活动，在沼气池内会产生大量的有机酸，使 pH 值下降，但随着发酵继续进行，氨化细菌产生的氨可中和一部分有机酸，甲烷菌繁殖起来之后，又会使大量的有机酸被利用转化成甲烷，这样 pH 值就恢复到了正常值，使沼气发酵连续不断地进行下去。但如果在生产中遇到了因投料致使发酵受阻这一情况，可采取稀释发酵料液、添加草木灰、添加稀释氨水或石灰水、控制进出料等方法进行调节。pH 值可用 pH 试纸和酸碱指示剂来测定。

五、合适的料液浓度

在沼气发酵产气过程中，各种固形有机物质进入消化器后，首先要在多种微生物的作用下进行水解，使其成为能溶于水的低分子化合物，这说明沼气发酵需要水，沼气细菌在其生长、发育的生命活动中需要水，水是沼气发酵的重要组成部分。但如果水量过少，发酵原料过多，料液浓度过大，产甲烷菌又食用不了那么多，容易造成有机酸大量积累，就不利于沼气细菌的生长繁殖，使发酵受到阻碍，同时也会给搅拌带来困难。如果水太多，发酵料液过稀，产气量少，也不利于沼气池的充分利用。因此，合适的发酵原料与水比例浓度也非常重要，沼气池中的料液在发酵过程中需要保持一定的浓度，才能正常产气运行。

根据各地多年实践，农村沼气池料液的干物质浓度控制在 6%～12% 比较合适。一般情况下，沼气池投料启动时浓度 6% 就可以。夏季和初秋池温高，原料分解快，浓度可低一些，保持 6%～8% 就可以。冬季、初春池温低，原料分解慢，干物质浓度应保持在 10%～12%。适宜的发酵浓度不仅利于产气，而且还能提高发酵原料的利用率。沼气发酵原料浓度的表示方法较多，有总固体（TS）浓度、挥发性固体（VS）浓度、COD 浓度、BOD 浓度、悬浮固体浓度和挥发性悬浮固体浓度等。沼气发酵中，只有挥发性固体才能转化为沼气，用挥发性固体浓度表示沼气发酵液的浓度更为确切，但实际用得最多的是总固体浓度。总固体浓度是指固形物占总料液的百分比。沼气发酵的料液浓度范围比较宽，1%～30% 的范围内都能产气。

六、有规律的持续搅拌

沼气池长期处在静止状态下，就会出现分层现象。一般会分为浮渣层、清液层、活性层、沉渣层四层。浮渣层发酵原料多，沼气菌种少，原料利用不充分。另外，浮渣过厚，还会影响沼气进入气室。清液层水分多、发酵原料少，沼气细菌也少，不易产生沼气。活性层是厌氧微生物活动旺盛的场所，是产生沼气的重要部位。下部沉渣层虽然有沼气细菌，但多数原料已不具备产生沼气的条件。因此，只有通过搅拌，使发酵料液处于均匀状态，才能增加沼气细菌与发酵原料的接触机会，才能有效产气。沼气池如不经常搅动，对沼气产量的影响是很大的。有的沼气池原料加得不少，但产气量越来越小，一个重要的原因就是发酵液上层结了很厚的壳。经常搅动沼气发酵料液除能使沼气池内的原料与沼气细菌均匀分布，充分接触，提高消化速率外，还能使沼气池下部附着在有机颗粒上的微小甲烷气、二氧化碳气的气泡胀大溢出，上升到气室内，另外，搅拌还能有效防止浮渣层的形成和克服沼气池内温度高低不一现象。当然，由于产甲烷菌具有宜静不宜动的特性，搅拌应有规律地进行，一般可每3～4 d搅拌一次，不能天天连续不断地搅拌，既浪费精力，也不利于甲烷菌的生存。常用的搅拌方法有三种：一是机械搅拌，采用安装机械设施的办法进行搅拌；二是气体搅拌，利用动力将沼气压入料液中进行搅拌；三是液体搅拌，用人工或其他动力从水压间将沼气池下部料液抽出，再从进料口加入，使池内料液循环流动，达到最佳搅拌效果。

七、避免有毒物质入池

通常情况下，在农业有机废弃物中不会有大量的毒性物质，但在养殖场进行消毒或防疫时会有较多的药物进入畜禽粪便中，有毒物质对沼气细菌具有毒害或抑制作用，有些剧毒性物质即便是很少一点进入沼气池中，也能导致沼气发酵遭到破坏，使正常产气的沼气池停止产气。对沼气细菌具有毒害或抑制作用的毒性物质主要有各类剧毒农药、有机杀菌剂、抗生素、驱虫剂、重金属化合物、可用于生产农药的植物及辛辣性植物等。在生产中要尽可能避免这些有毒物质进入沼气池内。

第五节　沼气发酵物的综合利用

一、沼气综合利用

1. 沼气用于炊事

俗话说"柴米油盐酱醋茶"。千百年来，柴为最主要的燃料，在广大农民的生产生活中占有很重要的地位。而如今，一种新型清洁能源正在逐步走进千家万户，这就是沼气。沼气用于人们的日常炊事，这是沼气的最基本用法（图 12 - 11）。

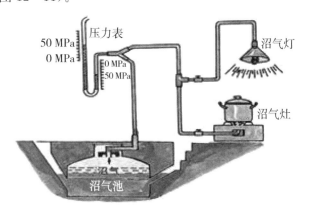

图 12 - 11　农村户用沼气使用图

（1）沼气炊事设备。沼气炊事设备是沼气灶。沼气是一种与天然气较接近的可燃混合气体，但它不是天然气，不能用天然气灶来代替沼气灶，更不能把煤气灶和液化气灶改装成沼气灶使用。因为各种燃烧气都有自己的特性，它们可燃烧的成分、含量、压力、爆炸极限等都不同。而灶具是根据燃烧气的特性来设计的，所以不能混用。沼气炊事要用沼气灶，才能达到最佳效果，保证使用安全。

（2）沼气灶的结构。沼气灶具一般由喷嘴、调风板、引射器和燃烧器等 4 部分组成。喷嘴是控制沼气流量，并将沼气的压能转化为动能的关键部件。调风板一般安装在喷嘴和引射器的喇叭口位置上，用来调节一次空气进风量的多少。引射器由吸入口、直管、扩散管 3 部分构成。燃烧器是沼气灶具的主要部位，作用是将混合气体通过喷火孔均匀地送入炉膛燃烧。要使沼气充分燃烧，获得比较高的燃烧效率，必须具备一定的条件。同时，应掌握沼气灶具的使用、调节和维护管理等知识。

（3）沼气灶的应用。先开气后点火，调节灶具风门，以火苗蓝里带白、急促有力为佳。我国农村家用水压式沼气池的特点是压力波动大，早晨压力高，中午和晚上用气后压力会下降。在使用灶具时，应注意控制灶前压力，当灶前压力与灶具设计压力相近时，燃烧效果最好。而当沼气池压力较高时，灶前压力同时也会增高，当灶前压力大于灶具的设计压力时，虽然沼气灶具的火力大了，但沼气却浪费了，这对农户来说是不划算的。所以，当沼气压力较高时，要调节灶前开关的开启度。将开关关小点控制灶前压力，从而保证灶具具有较高的热效率以达到节约沼气的目的。由于每个沼气池的投料数量、原料种类及池温、设计压力的不同，所产沼气的甲烷含量和沼气压力也不同，沼气的热值和压力也在变化，所以调风板的开启度应随沼气中甲烷含量的多少进行调节。当火苗发黄时，表明沼气中所含的甲烷较多，可将调风板开大一些，使沼气得到完全燃烧，以获得较高的热效率。当甲烷含量少时，火焰颜色呈橘红色，将调风板关小一些，但千万不能把调风板关死。这样火焰虽然较长却无力，形成扩散式燃烧。这种火焰温度很低，燃烧极不完全，并产生过量的一氧化碳。一般情况下调风板开启度以打开 3/4，使火焰呈蓝色为宜。灶具与锅底的距离，应根据灶具的种类和沼气压力的大小而定。过高或过低都不好，合适的距离应是灶火燃烧时"伸得起腰"，有力。火焰紧贴锅底，火力旺，带有响声，在使用时可根据上述要求调节适宜的距离。一般灶具灶面距离锅底以 2～4 cm 为宜。

2. 沼气用于照明

沼气在照明方面的应用是通过沼气灯来实现的。沼气灯是广大农村沼气用户重要的沼气用具。特别是在偏僻、边远无电力供应的地区，用沼气灯进行照明，其优越性尤为显著。

（1）沼气灯的结构。沼气灯是把沼气的化学能转变为光能的一种装置，由喷嘴、引射器、泥头、纱罩、反光罩、玻璃灯罩等部件组成，分吊式和座式两种。沼气通过输气管，经喷嘴进入气体混合室，与从进气孔进入的一次空气混合，然后从泥头喷火孔喷出燃烧，在燃烧过程中得到二次空气补充。由于纱罩在高温下收缩成白色球状——二氧化钍在高温下发出白光，供照明用。一盏沼气灯的照明度相当于 1 盏 $60 \sim 100$ W 的白炽电灯。

（2）沼气灯的使用方法

①新灯试烧。新灯使用前，应不安纱罩进行试烧。如果火苗呈淡蓝色，短而有力，均匀地从泥头孔中喷出呼呼发响；火焰又不离开泥头燃烧，无脱火、回火等现象，表明灯的性能好，即可关闭沼气阀门，等泥头冷却后安上纱罩。

②烧制新纱罩。沼气灯是通过灯纱罩燃烧来发光的，只有烧好新纱罩，才能延长其使用寿命。沼气灯纱罩是用人造纤维或苎麻纤维织成需要的罩形后，在硝酸钍的碱溶液中浸泡，使纤维上吸满硝酸钍后晾干制成的。新纱罩的烧制方法是，先将纱罩均匀地捆在沼气灯燃烧头上，把喷嘴插入空气孔的下沿。通沼气将灯点燃，让纱罩全部着火燃红后，慢慢升高或后移喷嘴，调节空气的进风量。使沼气、空气配合适当，猛烈点燃，在高温下纱罩会自然收缩。当发出白光时，就表明烧制成功了。纱罩燃烧后，人造纤维就被烧掉了。剩下的是一层二氧化钍白网架，二氧化钍是一种有害的白色粉末。它在一定温度下会发光，但一触就会粉碎。所以，燃烧后的纱罩不能用手去触碰。为了延长纱罩的使用寿命，应使用透光率较好的玻璃灯罩来保护纱罩，以防止飞蛾等昆虫撞坏纱罩或风将纱罩吹破。

③点灯方法。点灯时应先点火后开气，等压力升到一定高度、燃烧稳定、亮度正常后，为节约沼气，可调节开关，稍降压力，其亮度仍可不

变。如果经过长时间点燃，沼气灯还不亮，可反复调整一次空气，用嘴吹纱罩，可使燃烧正常，灯光发白。

3. 沼气为育雏舍增温

通过沼气灶具、灯具的燃烧，可以增加育雏舍内的温度和光照。沼气为雏鸡舍增加温度和光照的方法：雏鸡舍内按每 50 m 设置一盏沼气灯。放置在棚架上方 70～80 cm 的地方。每 100 m 设置一台沼气灶，放置在棚架下方的地面上。在沼气灶上面放置一个水壶，通过加热水来为雏鸡舍增温。适宜的燃烧时间为早晨 5～8 时。它以沼气为纽带，集能源、养殖于一体，充分利用了农村可再生资源，满足了人民生活和生产的需要，对发展农村经济，增加农民收入，改善农村卫生状况，都起到了巨大的推动作用。

4. 沼气为温室大棚加温供肥

沼气在农村温室大棚中一般有两个作用，即利用沼气燃烧的热量，提高大棚内温度或者增加光照；二是利用沼气燃烧后排放二氧化碳的特性，向大棚内的农作物供应"气肥"，促进增产。增温增光主要靠点燃沼气灯、炉来解决。沼气中含有 35%～38% 的二氧化碳，含 58%～60% 的甲烷，所以燃烧 1 m³ 沼气可产生 0.97 m³ 的二氧化碳。燃烧沼气不但会放出二氧化碳气体，还会放出一定热量，对于严寒季节增加温室温度也有一定作用。具体方法：按每 50 m² 设置 1 盏沼气灯，燃烧沼气时间安排在早晨 5～7 时。

二、沼液综合利用

1. 沼液浸种

利用沼液浸种与清水浸种相比，不仅可以提高种子发芽率、成秧率，促进种子生理代谢，而且可增强秧苗抗寒、抗病等抗逆性能。沼液浸种方法简单易行，有较强的实用性和广泛的适应性，具有相当大的推广价值。

（1）浸种沼液的选择：选择正常运行并产气使用 1～2 个月的沼气池

出料间的沼液；于浸种前几天打开出料间盖，暴露数日，搅动数次，使硫化氢气体遗散，清除水面浮渣。确保出料间未流进生水、有毒污水、有毒药物（农药、蚊香等）或新鲜人畜粪便及其他废弃物，液面未出现灰色、白色膜状物；沼液呈深褐色，无臭气味，酸碱度中性微碱（pH 7~7.6）。

（2）沼液浸种对种子的要求：①要使用上年或上季生产的新种良种，种子达到国家规定的相关标准。②浸种前对种子进行翻晒 1~2 d；提高种子的吸水性能。③对种子进行筛选，清除杂物、空瘪粒，以确保种子的纯度和质量。

（3）操作步骤：

①装袋：选择透水性好的编织袋或布袋，将种子装入，每袋装种子 15~25 kg，每袋种子量占袋容 2/3，扎紧袋口，并留出适当空间，以防种子吸水后胀破袋子。②清理：浸种前 1~2 d，将出料间沼液搅动，并将浮渣尽量清除干净；如用其他容器浸种，需将容器清洗干净，并将沼液用纱网过滤。③浸种：将绳子一端系袋口，一端固定在池边，使种子处于沼液中部为好；在容器中进行浸种的，需将沼液淹没种子；浸种期间应进行爽干透气和搅拌。如沼气池沼液浓度过高，可池外操作，浸种前加 1~3 倍清水稀释。

（4）浸种时间。有壳种子浸泡 12~18 h，无壳种子浸泡 8~12 h，然后取出冲洗干净、晾干、催芽后方可播种。①水稻：常规稻种在沼液中需浸足 36 h 后清洗干净，再用清水浸种，气温低时需浸足 72 h，气温高时，浸足 48 h 即可，然后在清水中淘洗干净，按常规方法催芽、播种；杂交稻种应采用间隙浸种、日浸夜露方式，即在沼液中浸 6~8 h，夜露 4~6 h，再浸 6~8 h，露 4~6 h，如此在沼液中浸足 24 h 后清洗干净，改用清水浸种 12 h，然后在清水中淘洗干净，按常规方法催芽、播种。②小麦：一般浸种 24 h，然后用清水冲洗干净，爽干后播种、盖籽，如土壤墒情差，则不宜浸种。③玉米：一般浸种 4~6 h，然后用清水洗净晾干即可播种。④油菜：一般不超过 12 h，然后用清水洗净晾干即可播种，如遇干旱，则必须在苗床上泼洒一遍透水。⑤大麦：将沼液稀释 3 倍，浸种12 h，然后用清水洗净晾干即可播种。⑥西瓜：一般浸种 12～24 h，浸种过程中搅拌 1 次。浸种结束后，在清水中反复轻搓，洗去表面黏物以防腐烂，然后保温催芽、播种。⑦马铃薯、甘薯：一般浸种 4 h 左右，浸种时可将种块装入缸、桶等容器中，放入沼液中浸泡，液面超过上层 6～7 cm。浸种结束后，清水洗净，然后播种。

（5）注意要点：①废池、死池及不产气的病池沼液不可用来浸种。②浸种时间随地区、品种、温度的不同存在差别，但浸种时间不可过长，以种子吸足水分为好。③包衣种一般不宜浸种。④沼气池应及时加盖，确保人畜安全。

2. 沼液叶面施肥

沼气发酵，不仅是一个生产沼气能源的过程，也是一个造肥的过程。在这个过程中，作物生长所需的氮、磷、钾等营养元素，基本上都保存下来。沼液中存留了丰富的氨基酸、B 族维生素和某些植物激素。沼液叶面施肥喷施方法：①选用正常产气 45 d 以上，取沼气池出料间的中层液，停放 2～3 d，纱布过滤，即可喷施。②施肥时期：农作物萌动抽梢期（分蘖期），花期（孕穗期、始果期），果实膨大期（灌浆结实期），每隔 7～10 d 喷施 1 次。③施肥时间：上午露水干后（10：00 左右）进行，夏季以傍晚为宜，中午高温及暴雨前不施。④浓度：根据沼液浓度，施用作物及季节、气温而定，总体原则是：幼苗、嫩叶期、1 份沼液加 1～2 份清水；夏季高温，1 份沼液加 1 份清水；气温较低，又是老叶时，可不必加水。⑤用量：视农作物品种和长势而定，一般每亩施用 40～100 kg。⑥可单施，也可与化肥、农药、生长调节剂等混合施。喷施时以喷施叶背面为主，以利于作物吸收（图 12 - 12）。

3. 果树保花保果和防病治虫

利用沼液防治农作物病虫害，在实践中能收到很好的效果，这是因为沼液具有营养物质和生物活性物质，能够增强农作物抗病虫能力和防治植

图 12 – 12　沼液喷施茶树

物病虫害。一方面，沼液中丰富的营养物质促进了农作物生长，增强了农作物自身抗病虫的能力；另一方面，沼液能防治植物病虫害，是因为沼气发酵过程对病原菌和寄生虫卵的杀灭效果非常显著。利用沼液对农作物进行上喷下施，能有效地减少病原菌和虫害的危害，对这些病原菌和虫害的传播感染途径起到了阻断的作用。在使用过沼液沼渣的植株周围土壤中，会产生甲烷、乙烯等挥发性气体形成的厌氧微点保护圈。同时，沼液中的胶质类物质，能在农作物的茎秆、枝叶等处形成一层胶类膜，对农作物喷施沼液，可防御病虫害对农作物的侵入，对红蜘蛛、黄蜘蛛、尖蚧清虫等杀灭率均在94%以上。同时能增加产量，提高品质，对果树的保花保果有奇效。喷施沼液应注意的是：必须用正常产气3个月以上的沼气池的沼液；喷施时不要在中午气温高时进行，以防灼烧叶片；做叶面喷施尽可能施于叶背，因叶面角质层厚，而叶背布满小气孔，易于吸收；果树喷施要根据树势等情况确定；当果树虫害猖獗时宜在沼液中加入微量农药（如杀虫脒），杀虫效果显著；对根部施肥时幼树以树冠滴水为直径向外呈环状开沟，开沟不宜太深，一般深为10～35 cm，宽20～30 cm，施后用土覆盖。以后，每年施肥要错位开穴，并每年向外扩展，以增加根系吸收范围，充分发挥肥效。成龄树可呈辐射状开沟，并轮换错位。开沟不宜太深，不要损伤根系，施肥后覆土。

（1）对害虫的防治。①蚜虫、蜘蛛：沼液 50 kg，加入 2.5％敌杀死乳油 10 mL，搅匀，喷施或灌心叶。②水稻螟虫：取沼液 50 kg，加清水 50 kg，混合均匀，泼浇。③稻飞虱（灰、白背）：沼液 50 kg，加清水 50 kg，混合均匀，喷施。

（2）对植物病害的防治。①大麦黄花叶病、叶锈病：用沼液浸泡大麦种子，可以明显减轻这种病害，且病害随沼液浓度的增加而减少。②西瓜枯萎病：每亩施沼液 2000～2500 kg 作基肥，用 20 倍沼液浸种 8 h 后，在催芽棚中育苗移栽，并在生长期叶面喷施 10～20 倍沼液 3～4 次，基本上可控制重茬西瓜地枯萎病大面积发生。在西瓜膨大期，结合叶面喷施沼液，用沼渣进行追肥，不但枯萎病得到控制，而且获得较高的产量，西瓜品质也有所提高。③小麦赤霉病：使用沼液原液喷施效果最佳，使用量以每亩喷 50 kg 以上效果最好。盛花期喷 1 次，隔 3～5 d 再喷 1 次，防治率可达 81.53％。

（3）注意事项：①一定要用正常产气 1 个月以上的沼气池沼液，长期停用的沼气池沼液不能使用。②沼液从沼气池内取出后，要经过过滤，以免堵塞喷雾器。③在沼液中配农药提高药效时，要注意农药和沼液的酸碱度一致。

4. 沼液喂猪

沼液喂猪，应根据猪的不同生长阶段确定添加量。一般每天 3～4 次，每次 0.6 kg。添加沼液喂猪要注意下列事项：①新建或大换料的沼气池，必须正常使用 3 个月后，方可取沼液喂猪。②沼液取出后，应静置一段时间，让氨气挥发。③沼液拌料喂猪宜采取湿拌料方式，做到不干不湿，以手握成团松开即散为度。喂前要对猪进行驱虫。④取中层清亮沼液。⑤开始饲喂沼液时，应让猪有一段适应期，用量由少渐多。饲喂过程中若猪出现腹泻现象，应立即停喂沼液，及时诊治。⑥沼液适合喂育肥猪，种公猪和空怀母猪不宜喂沼液，以防增膘过快，影响发情配种。⑦沼液仅是添加剂，不能取代基础日粮。利用沼液作添加剂喂猪，猪普遍呈食欲好、贪睡、生长加快的现象。一般提前 20～30 d 出栏，每头猪的皮毛油滑、健壮少病，节省饲料 30～50 kg。

新建或大换料后的沼气池，必须在正常产气使用 3 个月后，方可取沼液喂猪。沼液在喂猪前 2～3 h，用竹筒水枪从沼气池出料间中层抽取，放在通风处，使氨气挥发后，再与饲料搅拌喂食。如果用沼液作饮水，应取出沼液按 1∶1 的比例加水稀释，以利于氨气的挥发，然后就可直接给猪饮用。添加沼液的剂量，要根据猪的大小、食量的多少灵活掌握（表 12-3）。一般在开始加沼液的第一周内，每头猪每周只加 0.25 kg 沼液，第二周加至 0.5 kg，待猪逐渐适应后，再按表 12-3 的参考剂量添加沼液。

表 12-3　　　　　　　　生猪不同重量阶段的沼液添加量　　　　　　　单位：kg

猪重量	每天沼液量	每天精饲料量	每天青饲料量
15～20	0.25～0.5	0.25～0.4	1.5～2
20～30	0.5～0.75	0.4～0.65	2～4
30～50	0.75～1.25	0.65～1	4～5
50～75	1.25～2	1～1.5	5
75 以上	2～3	1.5	5

技术要求是：沼液的浓度掌握在以 1.0%～1.5%为宜；沼液的添加量以占日粮比例的 80%～110%为最佳。添加量因猪的大小不同而异，50 kg 前，每日四餐，沼液添加量占日粮的 80%，50 kg 以后，每日三餐，沼液量占日粮的 70%～110%；病态的、不产气的和投入有毒物质的沼气池的沼液禁止喂猪。

位于沼气池中部的沼液，是具有溶肥性质的液体，不仅含有较丰富的可溶性无机盐类，而且含有抑菌和提高植物抗逆性的激素、抗生素等有益物质，具有营养、抑菌、刺激、抗逆等功效。

三、沼渣综合利用

沼渣是沼气发酵后残留在沼气池底部的半固体物质，含有丰富的有机质、腐殖酸、粗蛋白、氮、磷、钾和多种微量元素等，是一种缓速兼备的优质有机肥和养殖饵料。沼渣中的有机质、腐殖酸，能起到改良土壤的作用；氮、磷、钾等元素，能满足作物生长的需要；沼渣中较多的沼液，固体物含量在 20% 以下，主要是部分未分解的原料和新生的微生物菌体，施入农田会继续发酵，释放养分。

因此，沼渣在综合利用过程中，具有速效、迟效两种功能。沼渣主要用于粮、菜、瓜、薯、梨、葡萄、桃、李、花卉等作物育苗、育秧、苗木生产基肥，沼渣作为基肥每亩用量 1500 kg 左右。沼渣还可用于生产食用菌、养鱼、养蚯蚓等。

1. 沼渣在种植业上的应用

配制营养土和营养钵：营养土和营养钵主要用于蔬菜、花卉和特种作物的育苗，因此，对营养条件要求高，自然土壤往往难以满足，而沼渣营养全面，可以广泛生产，完全满足营养条件要求。用沼渣配制营养土和营养钵，应采用腐熟度好、质地细腻的沼渣，其用量占混合物总量的 20%～30%，再掺入 50%～60% 的泥土、5%～10% 的锯末、0.1%～0.2% 的氮、磷、钾化肥及微量元素、农药等拌匀即可。如果要压制成营养钵等，则配料时要调节黏土、沙土、锯末的比例，使其具有适当的黏结性，以便于压制成型。

2. 沼渣在养殖业上的应用

沼渣养殖蚯蚓：蚯蚓是一种富含高蛋白质和高营养物质的低等环节动物，以摄取土壤中的有机残渣和微生物为生，繁殖力强。据资料介绍，蚯蚓含蛋白质 60% 以上，富含 18 种氨基酸，有效氨基酸占 58%～62%，是一种良好的畜禽优质蛋白饲料，对人类亦具有食用和药用价值。蚯蚓粪含有较高的腐殖酸，能活化土壤，促进作物增产。用沼渣养蚯蚓，方法简单易行，投资少，效益大。尤其是把用沼渣养蚯蚓与饲养家禽家畜结合起来，能最大限度地利用有机物质，并净化环境。沼渣养殖蚯蚓用于喂鸡、鸭、猪、牛，不仅节约饲料，而且增重快，产蛋量、产奶量提高。奶牛每天每头喂蚯蚓250 g，产奶量提高30%。近年来，为发展动物性高蛋白食品和饲料，国内外采用人工饲养蚯蚓，已取得很大进展。蚯蚓不仅可做畜禽饲料，还可以加工生产蚯蚓制品，用于食品、医药等各个领域。

沼渣饲养土鳖虫：土鳖虫是一种药用价值很高的中药材，它的中药名称为土元，学名叫地鳖，具有舒筋活血、去瘀通经、消肿止痛之功能。

沼渣饲养黄鳝：沼渣含有较全面的养分和水中浮游生物生长繁殖所需要的营养物质，它既可被鳝鱼直接吞食，又能培养出大量的浮游生物，给鳝鱼提供喜食的饵料。由于沼渣是已经发酵腐熟的有机物质，投入鳝鱼池后不会较多地消耗水中的溶氧量，因此有利于鳝鱼生长。此外，沼渣可以保持池水呈浅绿色或茶褐色，有利于吸收太阳的热能，提高池水的温度，促进鳝鱼的生长。因为沼渣经过了沼气池的厌氧发酵处理，细菌和寄生虫卵绝大部分已经沉降或杀灭，所以，用沼渣喂鳝鱼，能有效地防止鱼病的发生。

沼渣饲养泥鳅：泥鳅是一种高蛋白鱼类，不但味道鲜美，肉质细嫩，而且药用价值很高。日本人誉之为"水中人参"，其营养价值高于鲤鱼、黄鱼、带鱼和虾等。泥鳅还是一味良药，有温中益气的功效，对治疗肝炎、盗汗、痔疮、跌打损伤、阳痿、早泄等病均有一定的疗效，对中老年人尤为适宜。它的脂肪含量少，含胆固醇更少，且含有一种类似碳戊烯酸的不饱和脂肪酸，是一种抵抗人体血管硬化的重要物质。

第六节　几种不同规模养殖场的沼气工程

一、小型养殖场的沼气工程

1. 工艺设计

（1）主要设计参数

水力滞留时间（HRT）：＞10 d；发酵液浓度（TS）：5%～10%；容积产气率（平均）：≥0.25 m³/（m³·d）；原料产气率：0.275 m³/（kg 发酵液浓度·d）；猪粪量（平均）：0.4 kg 发酵液浓度/d；出水卫生指标：达到畜禽养殖业污染排放标准；储气量：日产气量的 50%；储气压力：1500～2000 Pa。

（2）容积计算

养殖户粪污处理沼气装置容积见表 12-4。

表 12-4 养殖户粪污处理沼气装置容积

装置规模/m³	适用养猪存栏规模/头	适用蛋鸡存栏规模/头	适用肉鸡存栏规模/头	适用奶牛存栏规模/头	适用肉牛存栏规模/头
24	60	1800	3600	6	12
38	90	2700	5400	9	18
50	120	3600	7200	12	24
64	150	4500	9000	15	30
78	240	7200	14400	24	48

（3）工艺流程

本装置由 3～5 个厌氧发酵单元连接而成，单元容积在 8～15 m³ 范围内，可依处理规模而随意组合。每一厌氧发酵单元之间通过管道柔性连接，使装置适应不同地形、不同平面要求，同时克服由于地基不均匀沉降而引起的问题。由于在最后一级厌氧发酵单元设置了储气浮罩，使最后一级厌氧发酵与整个装置储气结合为一体，这样可以有效地节约土地和投资。

本装置不耗动力，为地埋式，畜禽粪污利用重力自流进入厌氧装置的各级发酵单元。废水从进料口进入装置后，经逐级发酵，使污染物得到无害化和减量化处理，同时产生生物能源即沼气。从出料间排出的发酵后出水符合国家农田灌溉水质标准，可以用作有机肥料，或排入鱼塘养鱼。

2. 工程施工

本装置主要部分由 2～4 个圆拱形发酵池和 1 个发酵储气一体化池组成，主要为砖、混凝土结构，单池的建筑结构和施工方式与户用型厌氧发酵装置相同。

（1）建筑材料

①普通黏土砖。经干燥、入窑、高温（900 ℃～1000 ℃）焙烧而成的青砖、红砖、手工砖、机制砖均可。其主要技术要求：一般选用 50 号、75 号、100 号三种，但 50 号只限于手工砖，均需达到一定强度；几何尺寸 240 mm×115 mm×53 mm，容重 1600～1800 kg/m³，要求外观尺寸整齐，平整，无裂纹；敲击声脆，断面组织均匀。

②石材。多选用组织紧密、均匀、无裂纹、无风化或弱风化的砂岩或石灰岩，抗压强度为 5 cm×5 cm×5 cm 的立方试件用标准试验方法所得的抗压极限强度。其耐水性要求一般取软化系数为 0.7～0.9，方能保证建筑质量。

③石灰。含氧化镁小于 7% 的钙石灰，其熟化速度较镁质石灰快，宜于选用；过火石灰熟化速度较慢，且未熟化颗粒多，禁用，否则会造成严重危害。

④水泥。可选用普通硅酸盐水泥、火山灰质硅酸盐水泥和矿渣硅酸盐水泥。

⑤普通混凝土。其组成材料为：325 号、425 号水泥，天然砂卵石和碎石，水（井水、河水、自来水）。注意其和易性和强度，以及抗渗性、抗冻性、耐热性、胀缩性等。使用前注意先行试配，以确保和易性、溶重、强度、质量要求。

⑥砌筑砂浆。由胶凝材料水泥、细骨料砂和水调制而成，一般常用水泥砂浆，池盖部加少量石灰膏。

⑦密闭材料。微生物厌氧发酵装置要求整个装置内密闭不漏水、不漏气，而且目前装置建筑大都采用混凝土、砖、石等建筑材料，其均存在相

当数量的毛细孔道，因此必须在结构层上罩以密封层，以确保性能达到使用要求。

（2）施工技术

对于微生物厌氧发酵装置这样一个密闭装置，要达到结构严谨、牢固、可靠、安全、不漏水、不漏气，良好运行的目的，除了精准设计，精心配料以外，精致施工是十分重要的一环，甚至是成功必需的一环。因此必须按设计图纸要求，精细施工，确保质量。

①土方工程。首先按设计装置尺寸定位放线。放线尺寸为：装置外包尺寸加2倍装置外填土层厚度，2倍放坡尺寸。砂性较强，地下水位较高时则要求边坡坡度放大；对于淤泥质土，挖到设计标高后，以大卵石进行地基加固处理；挖出的土方要堆放在离池坑远一点的地方，同时禁止池坑附近堆放重物，以防发生塌方招致不测。

②地下水处理。地下水位较高地区建筑微生物发酵装置，应尽量选择在枯水季节施工，并采取有效措施进行排水、防洪。建筑过程中，如发现有地下水渗出，一般采取排、降的方法处理。装置基本建成后，若有渗漏，可采用盲沟及集水坑排水、深井排水、沉井排水等方法应对，确保施工顺利进行。

③小型圆形微生物厌氧发酵装置施工技术

砌块建筑。首先放线、挖坑，用事先预制好的预制块体，进行底板施工；待池底混凝土强度达到50%设计强度后，迅速砌筑池墙；而后进行墙外回填土，回填土要有一定的湿度，含水量为20%～25%；砌体墙与回填夯实的间隙时间，夏季不超过3 h，冬季不超过6 h，绝不允许过夜，确保夯实；进出料管的施工和回填土应与池墙施工在同一标高处进行；之后进行池盖支座、密封层施工。

整体浇筑，即整体现浇混凝土施工。其要点如下：大开挖池坑时，要求池坑按设计图纸尺寸修挖圆直；池底现浇与砌块建池相同；池墙和池盖现浇混凝土，要求模板尺寸准确并具有足够刚度，注意在模板的外表面做好隔离层；混凝土要拌和均匀，控制好水灰比；为便于操作，在混凝土内加入减水剂是较好的方法，混凝土注入模板内，要求捣鼓密实，不允许有蜂窝麻面的现象；其间要注意加强池体的浇水养护，以使混凝土的强度得到充分发挥；之后进行内壁封层施工。

（3）储气浮罩

①浮罩的设计

分离浮罩式沼气池是一种恒压、稳压发酵装置。它的气压大小取决于浮罩的重量大小。水泥浮罩的重量一般应根据沼气用具（灶、灯）的设计额定压力要求，再加上沼气输气管道的沿程压力降升来设计。设计浮罩的压力一般在 2 kPa（20 cmHg）左右，可用调节浮罩的压强面积、罩顶面积和浮罩的重量来控制。在设计上还必须考虑浮罩的顶板与罩壁厚度有足够的强度，同时要求施工方便。根据经验及计算，小型水泥浮罩顶板厚度一般为 30～40 mm，罩壁厚度为 25～30 mm 即能满足强度要求。

②浮罩的施工技术

施工技术以制作 1 m³ 水泥浮罩为例（其他容积的浮罩可参照此数据换算），其施工技术要点如下：

A. 备料：砌模砖 160 块；Φ6 钢筋 20 m；Φ8 钢筋 1.7 m；Φ18 圆钢 2.47 m（用作导向轴）；Dg25 镀锌钢管 1.15 m（导向套管）；40 mm× 40 mm角钢；1.3 m 长的两根和 1.6 m 长的一根做支架；Φ10 导气管一根，长 60 mm；干净中砂 200 kg 和 425 号水泥 100 kg。

B. 焊制钢筋骨架：先用 Φ6 钢筋按 1.12 m 内径焊三个标准圆。1.15 m长镀锌管放于圆心，顶和底部四周按 90°角各置一根 Φ6 钢筋，将标准圆和套管焊接；顶、底、中三个标准圆外焊接四根竖向钢筋，形成圆筒形。焊接时底部拉杆平行下管口，顶部拉杆离上管口 30 mm；套管一定要垂直，与标准圆顶部、底部拉筋形成直角，不得歪斜；骨架筋外可加贴 10 号钢丝网格。

C. 预制浮罩顶板：施工前先平整场地，然后在场地上画一个比浮罩尺寸大 100 mm 的圆；用红砖沿圆周摆一圈，圆内用沙子填平。圆中心和安导气管部位下凹；在砂子上铺一层油毡或塑料薄膜；按 1∶2.5 灰砂比配好水泥砂浆，装好导气管，均匀地铺上一层 15 mm 的水泥砂浆（圆心空有 50 mm）；再倒放上浮罩的钢筋骨架，套管应垂直于底平面；然后铺上剩余的水泥砂浆，抹实压平；待初凝时撒上水泥粉，反复抹光，不留气泡砂眼。

D. 砌罩壁内膜：顶板初凝后，以导向套管为圆心，以 0.55 m 长为半径，在罩顶板上画圆，铺上透明塑料；然后在圆线圈内用红砖竖砌 1/4 砖墙模；砌浆用泥浆，砌缝要抹平；每圈最后一块合拢时，内侧砖缝靠紧，模体外抹石灰砂浆作隔离层。

E. 抹灰浆：先将模体外塑料膜切除，在罩顶板周边刷水泥浆一遍，按罩壁重量配制 1∶2.5 水泥砂浆，沿模体由下而上均匀抹灰一遍，刷水泥砂浆一次，分两次把罩壁砂浆抹完，注意压实抹光不见砂眼；钢筋外应有 12 mm 厚的保护层。

F. 内密封：罩壁水泥砂浆终凝后，即可拆模；刮净浮罩内的杂物，然后进行内密封；先刷水泥砂浆一遍，内壁用 1∶2 水泥砂浆做好 50～60 mm 宽的加固带；终凝后，罩内壁交叉刷两遍密封涂料；养护 5～7 d 达到 70% 的设计强度后，即可进行试压安装。

G. 试压：试压时先在离浮罩 1 m 左右处平整一块场地；平铺一层直径比浮罩大 200～300 mm、厚约 50 mm 的稀泥，盖上塑料薄膜；然后将浮罩顶板外圈的红砖拆除，以便慢慢地将浮罩放倒并扶正；将其放在压有稀泥的塑料膜上；顶板上的砂眼用水泥浆抹光；在距浮罩外壁 60 mm 处的塑料地面上，用泥土围成 200 mm 高的水沟；放满水；在导气管上装一个三通，一端接 U 形管压力表；另一端接打气筒，向罩内打气；气压上升至设计压力即停止，观察压力表是否下降；如下降，则将肥皂水洒在浮罩上，看哪里冒气泡；冒泡处即为漏气处，应重新密封直至不漏。

H. 水封池施工：水封池为地下式圆筒形混凝土或砖结构；施工方法

与圆筒式沼气池相似；防水层一般采用四层做法；两根导向轴支架垂直预埋在水封池相对两边。

I. 安装：水封池应先装满水；将浮罩平移至水封池上，再慢慢平稳放入水封池内；让浮罩下沉0.9 m后，封闭导气管；将导向轴插入浮罩的导管，拨动浮罩，使导气轴对正底座，架上固定架横梁。

（4）质量检查

整个装置建造完毕后，待材料强度达到设计标号的70%时，需进行试压、试气检验，合格后方可投料使用。主要检验方法为：

①直接检查。仔细观察池内壁有无裂缝，导气管是否松动；用手指或小木棒轻击听有无空响声，有则说明抹灰层有翘壳。另外，还可在池壁表面均匀地撒上一层水泥粉，凡出现湿点或湿线的地方，便是漏水孔或漏水缝的标志。

②池内装水刻记。装水一昼夜后观察，如水位不下降即说明不漏水；如下降过多，则说明漏水。

③气压法。根据上述方法，查明全池不漏水后，还要检查气箱部分是否漏气。方法是用胶管接上导气管和气压表，另一端接到打气装置，向池内打气至气压表上下水柱液面差达到所设计水柱，此时停止打气，关闭打气的开关，在出料间液面处作一标记。经24 h观察气压表或出料间液面是否下降，以确定是否漏气。

④水压法。由进料口或出料间向池内灌水。由于池内水位上升，气箱部分容积减少，池内气压增加，直至气压表液面差达到设计要求则停止加水，24 h后观察液面是否下降，以确定漏气与否或漏气多少。发现漏水、漏气部位后，注上标记，予以维修。之后再次进行气、水压检验，确认不漏水、不漏气后，方可正式投料启动运行。

⑤投料、启动和运行管理。本装置的启动和运行管理参照户用厌氧发酵办法实施。装置启动时可加入占装置容积20%的接种物，以加速启动过程。装置出料需购置一小型潜污泵，在进料浓度较高时也可用潜污泵循环

料液。经过该装置 10 d 以上厌氧处理和沉淀处理后，出水卫生指标能够满足《畜禽养殖业污染物排放标准》和《农田灌溉水质标准》要求，出水料液用于农田灌溉，实现污水资源化。每年根据农业生产用肥季节出沼渣 1～2 次。

二、规模鸡场的沼气工程

运用微生物厌氧发酵技术的工艺治理鸡场粪污，比之其他方式杀灭粪便中所含病菌、寄生虫卵（包括高致病性禽流感病毒），有着更好的效果。因为禽流感病毒对高温比较敏感，50 ℃加热 30 min，60 ℃加热 10 min，65 ℃～75 ℃加热数秒即可将其彻底杀灭，使其失去感染性。防治禽流感以来，利用厌氧消化过程抑制和杀灭传染性疾病病原体，阻断经鸡场粪污传播的途径，越来越引起全社会乃至全世界的关注和重视。加之，经此技术处理的粪污还可获得优质的能源，转而服务生产、生活，其副产品沼液、沼渣还可用于动植物生产，产生新的效益。

1. 工艺设计

鸡场粪污处理工艺设计，根据利用模式可分为两种处理工艺。

一是能源生态型处理利用工艺（图 12 - 13）：鸡场粪便和污水，经厌氧消化处理后，作为农田水肥利用的处理利用工艺。该模式适合于一些周边有适当的农田、鱼塘或水生植物塘的鸡场，它是以生态农业的观点统一

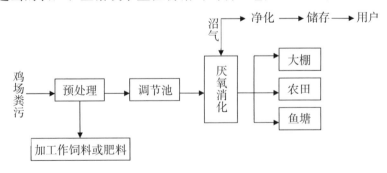

图 12 - 13　鸡场粪污能源生态模式图

筹划系统安排，使周边的农田、鱼塘或水生植物塘完全消纳经厌氧消化处理后的废水。在一个生态园区内沼气池起着生态系统中"分解者"的作用。鸡粪便废水在经厌氧消化处理和沉淀或固液分离后，沼渣用来生产有机肥料，沼液则排灌到农田、鱼塘或水生植物塘，使粪便得到能源、肥料等多层次的资源化利用，生态农业得以持续发展，并最终达到园区内粪污的零排放。这种模式遵循了生态农业原则，具有良好的经济效益和环境效益。

二是能源环保型处理利用工艺（图 12-14）：畜禽养殖场的畜禽污水，处理后达标排放，或以回用为最终目标的处理工艺。该模式主要是针对一些周边既无一定规模的农田，又无闲暇空地可供建造鱼塘和水生植物塘的畜禽养殖场，因此该畜禽场在建设能源环保工程时，其末端的出水必须达到规定的相应环保标准要求。畜禽废水在经厌氧消化处理和沉淀后，必须再经过适当的好氧处理和物化处理等。这种模式多用于大、中城市的近郊区，最终出水水质较好，但工程造价和运行费用均较高。

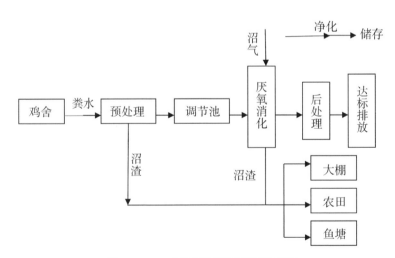

图 12-14　鸡场粪污能源环保模式图

2. 预处理

预处理主要工艺单元有：格栅、固液分离、沉淀。格栅以去除羽毛等大杂质，若是能源环保模式工艺，应有固液分离装置，以减轻废水处理的负荷。无论何种模式，均应设调节池（带沉砂池功能），以去除鸡粪中的泥砂，这是与其他畜禽粪便沼气工程不同之处。调节池除具备调节水质水量的功能外，尚需要调节水温和 pH 值、进行适当的水解酸化、去除粗大固体物以及无机的可沉固体等，调节池的有效容积为日设计流量的 80％～100％。要求预处理沟渠坡度应确保污水自流入调节池，污水的固液分离应在排污后 3 h 内进行等。

3. 厌氧消化器

厌氧消化器的选择，应根据处理模式的不同而定。能源生态模式是处理高悬浮固体浓度的鸡场粪污，宜选用 AC 或 USR 装置。能源环保模式中的鸡场粪污先经过了固液分离，是处理低悬浮固体浓度的鸡场粪水，宜选用 UASB（或 UBF）或 AF 装置。四种装置设计要点如下：

厌氧接触工艺（AC）：该工艺适合处理悬浮物浓度和有机物浓度均高的有机废水；中温或近中温条件下，回流污泥量根据消化器内污泥量、进料 pH 以及温度等确定，以 50％～200％为宜；应采取真空脱气、冷冲击等适当措施加速厌氧消化液的固液分离。

升流式厌氧固体反应器（USR）：该反应器适合处理高固体含量（TS≥5％）的有机废液；在中温或近中温消化条件下，反应器的进料由底部配水系统进入，宜采用多点均匀布水；反应器每周排泥一次，每次排泥量为有效池容量的 0.5％～1％。

厌氧滤器（AF）：适合处理溶解性的以及较低浓度的有机废水；在中温消化条件下，当进水化学需氧量浓度高于 8000 mg/L 时，应设置出水回流设施；厌氧滤器应布水均匀，可在底部设穿孔进料管或数个进水口，相邻孔口间距宜为 1～2 m，不得大于 2 m；滤料层高度宜为 1.2～5 m，材料选择以弹性填料或填料球为主。其特点是活性厌氧生物量固定在载体上，污泥龄（SRT）和水力停留时间（HRT）分离。

升流式厌氧污泥床（UASB）：若上部添加填料，又称复合型厌氧污泥床（UBF）。该污泥床适合处理悬浮物浓度≤2 g/L的有机废水；污泥床高度宜为4～10 m；三相分离器沉淀区的水力负荷应保持在 1 m³/（m³·h）以下，水流通过气室空隙的平均流速应保持在 2 m/h 以下。沉淀区总水深应≥1.0 m，沉淀区的污水滞留时间以 1.0～1.5 h 为宜；三相分离器集气罩缝隙部分的面积宜占反应器截面积的 10%～20%，斜壁角度宜采用55°～60°，反射板与缝隙之间的遮盖宜为 100～200 mm；在进行 UASB 配水系统设计时，应考虑进水均匀，宜设置多个进水点。

4. 后处理

后处理主要有两种形式，一种是沼气工程的厌氧出水进贮液池后作液态有机肥用于农田。此时厌氧出水只需进行简单的固液分离，去除掉其中较大的固形物即可。另一种是厌氧出水进一步处理后达标排放或回用，处理方式以好氧处理为主，物化处理为辅。好氧处理要根据厌氧处理出水的水质不同而定，一般可选的工艺有活性污泥法、序批活性污泥法（SBR法）、氧化沟工艺、曝气生物滤池、接触氧化工艺等。从选择处理工艺原则上考虑，应采用低能耗、低成本和因地制宜生态化技术。

5. 沼气的净化、贮存与利用

鸡场粪污沼气工程设计中的沼气的净化、贮存与利用，同其他畜禽粪便沼气工程一样。

6. 鸡场粪污沼气工程的运行与管理

鸡场粪污沼气工程的日常管理工作中，应遵循《规模化畜禽养殖场沼气工程运行、维护及其安全技术规程》中的有关规定。为了运行好各种设施设备，管理好各种运营工作，保障设备正常稳定地发挥作用，要建立和执行岗位责任制等一整套规范化管理制度。管理制度中首要的是岗位责任制，岗位责任制中要有明确的岗位责任、具体的岗位要求。与岗位责任制相配套的在运行岗位上的其他制度还有设施巡视制、安全操作规程、交接班制和设备保养制等。在遵循安全技术规程中的有关规定和有了这些制度的前提下，运行管理就应注意以下问题：

（1）启动

鸡场粪污沼气工程的启动，准备合适的厌氧活性污泥是关键，可选择污水处理厂的消化污泥、有机废水处理工程厌氧消化污泥、阴沟或河道淤泥和洗筛后的猪粪或牛粪等。厌氧活性污泥量根据启动调试时间要求准备，占厌氧装置容积5%的厌氧活性污泥，启动时间一般为3～6个月，启动时加入0.1%的启动添加剂，可缩短启动调试时间。

鸡粪中含氮高，氨氮浓度也相当高，这对厌氧消化过程极为不利。除通过稀释原料，控制进料化学需氧量外，通过驯化获得活性高、能适应高氨氮基质的菌系，也是实验成功的关键之一。因此，鸡场粪污沼气工程的启动，就多了厌氧污泥抗氨氮浓度驯化，启动时间就比其他畜禽粪便沼气工程长。

（2）运行控制

鸡场粪污沼气工程应根据处理工艺和运行管理要求，对料液计量、沼气计量、水位观察、温度、pH值、负荷等主要参数进行监控。

温度：鸡场粪污沼气工程适宜采用几个温度范围，50 ℃～65 ℃的高温发酵，高温发酵的产气率较高，但就能量角度讲不划算，一般只用于余热可利用的单位或卫生无害化处理；35 ℃左右的中温发酵；20 ℃以上的近中温发酵；此外随自然温度变化而变化的发酵方式称为常温发酵。因此，在工程设计选定发酵温度后，运行温度控制要求在选定的发酵温度±2 ℃范围内。

pH值：沼气发酵是在中性条件下的厌氧发酵，pH值下降沼气发酵就会中止。一般畜禽粪便的沼气发酵的最适pH值为6.8～7.4，而鸡粪沼气发酵由于氨氮浓度较高，导致发酵pH值偏高，其发酵的最适pH值为6.8～7.8。在厌氧装置启动时投料浓度过高，接种物中的产甲烷菌数量又不足时，以及在消化器运行阶段突然升高负荷，都会因产酸与产甲烷的速度失调而导致pH值下降，这一般是启动失败的主要原因。因此，运行控制中必须每日监测pH值的变化，一旦发现pH值变化到正常值的边缘，就应降低进料负荷，或在调节池加酸（pH 值偏高）或碱（pH 值偏低）调节进料 pH 值。

碱度：是指水中含有的能与强酸相作用的所有物质的含量。它们可与挥发酸发生反应，使 pH 值不会有太大变动。主要以重碳酸盐、碳酸盐、氢氧化物三种形式存在。鸡粪中含有大量碳酸钙类物质，碱度较高，使发酵液具有较高的缓冲能力。

负荷：厌氧消化时的负荷通常是指发酵器的容积负荷 1 kg 化学需氧量，容积负荷是消化器设计和运行的重要参数，它的大小主要是由厌氧活性污泥的数量和活性决定。在选定了厌氧装置、工艺设计了容积负荷的情况下，通过经常监测原料的化学需氧量，就可以通过控制进料量来控制容积负荷。负荷控制超出了工艺设计的容积负荷，就容易发生酸化。

C∶N 比值：发酵原料的 C∶N 比值，是指原料中有机碳素与氮素含量的比例关系，因为微生物生长对碳氮比有一定要求，一般认为在启动阶段 C∶N 不应大于 30∶1，运行时，COD∶N∶P 的比值一般为 350∶5∶1。而鸡粪的 C∶N 为 14∶1，与其他畜禽粪便比，是最低的。

搅拌：在生物反应器中，生物是依靠微生物的代谢活动而进行，这就要微生物不断接触新的食料。在鸡场粪污沼气工程中的 AC 工艺，就需要搅拌。其主要作用是使微生物与原料充分接触，使活动性层扩大到全部发酵液内，防止沉渣沉淀，防止产生或破坏浮渣层，保证池温均一，促进气液分离。但是要注意搅拌的速度不能太快，控制在每分钟 500 r 为宜，搅拌的时间不能太长，每天 4～8 次，每次 15～30 min。

毒性化合物：鸡场消毒、防疫中常会有较多药物，如有机氯等，鸡粪厌氧发酵的高氨氮浓度，这些物质会毒害或抑制沼气发酵过程。因此，应尽量避免这些物质进入鸡场粪污沼气工程系统中，防止高氨氮浓度抑制的有效办法就是驯化适应高氨氮浓度的厌氧污泥或稀释进料。

（3）微生物厌氧发酵工程应注意的问题

鸡场粪污沼气工程在运行管理中同其他沼气工程一样，需要注意以下十点：

一是沼气站应对各项生产指标、能源和材料消耗指标等准确计量，应达到国家三级计量合格单位。

二是运行管理人员和操作人员应从运行管理中不断总结经验，提高沼气工程的运行效率和稳定性。

三是各种工艺管线应按要求定期涂饰相应的油漆或涂料。

四是厌氧消化器运行过程中，不得超过设计压力，严禁形成负压。

五是各设施设备电源电压波幅大于额定电压 10％时，不宜启动电机。

六是设备、装置在运行过程中，发生保护装置跳闸或熔断时，在未查明原因前不得合闸运行。

七是严禁随便进入具有有毒、有害气体的厌氧消化器、沟渠、管道及地下井（室）。凡在这类构筑物或容器进行放空清理、维修和拆除时，必须采取安全措施保证易燃气体和有毒、有害气体含量控制在安全规定值以下，同时防止缺氧。

八是沼气工程采用盘管加热时，入口处温度应控制在 50 ℃～55 ℃之间，并应每日测试进出口温度。

九是每半年测定储气柜水封池内水的 pH 值，当 pH 值小于 6 时，应换水。

十是厌氧消化器停运期间，应保持池内温度 4 ℃以上，并定期搅拌。

三、规模猪场粪污微生物厌氧发酵处理模式

1. 流程模式

目前，规模猪场粪污微生物厌氧发酵处理模式主要有两种，即无动力自然处理模式和机械化处理模式。

（1）无动力自然处理模式（图 12-15）

该模式是在城镇污水处理系统基础上开发出来的一种养殖场废水处理工艺，主要采用厌氧发酵技术，对养殖场废水中含量较高的有机物进行消

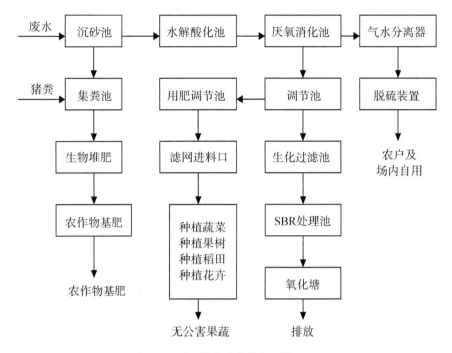

图 12 - 15 无动力自然处理模式图

化降解，结合氧化塘、氧化沟、土壤处理、人工湿地等进行好氧处理，使排放水达到规定标准，同时回收能源综合利用。这一模式具有处理过程基本不耗能、设备相对简单、运行费用较低等优点。

（2）机械化处理模式（图 12 - 16）

该模式由预处理、物理处理、厌氧发酵、好氧处理、后处理等系统组成，是一种技术含量较高、处理比较彻底的畜禽废水处理方式。养殖场污水首先经过初步分离，再经过沉淀、过滤或者机械式固液分离，分离出的废水再经过沉淀、过滤或者机械式固液分离，分离出的废水再通过高效的厌氧发酵装置除去其中的 COD 和降低氨氮含量，然后经沉淀和杀菌之后基本上可以达到排放水的标准。厌氧处理过程采用高效厌氧发生器（如 UASB 或 UBF），产生的沼气可以作为养殖场生活能源与部分生产能源。该方式具有适应性好、产气率高、占地少、处理效果较好等优点，但运用这一模式需具有一定经济实力和一定投资能力。

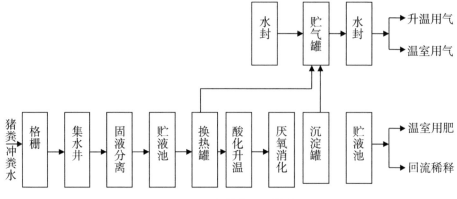

图 12 - 16　机械化处理模式图

2. 工程构建

（1）容积确定

大中型猪场构建微生物厌氧发酵工程，需首先计算并确立工程容积。容积计算方式见表 12 - 5、表 12 - 6。

表 12 - 5　　　　规模猪场粪污全部入池沼气池容积（η＝100%）

年出栏数/头	存栏数/头	沼气产量/（m³·d）	沼气池容积/m³			
			10 ℃~15 ℃		20 ℃~25 ℃	
			大中型	水压式	大中型	水压式
100	57	6.0	—	60	—	25
200	114	12.0	—	120	—	50
300	174	18.0	75	180	—	75
500	288	30	120	300	—	120
1000	577	60	240	600	60	240
2500	1441	150	600	1500	150	600
10000	5763	600	2400	—	600	2400
20000	11526	1200	4800	—	1200	—
50000	28815	3000	12000	—	3000	—
100000	57630	6000	24000	—	6000	—

表 12‐6　　　　干清粪规模化猪场粪污处理沼气池容积（η＝40％）

年出栏数/头	存栏数/头	沼气产量/（m³·d）	沼气池容积/m³			
			10 ℃～15 ℃		20 ℃～25 ℃	
			大中型	水压式	大中型	水压式
100	57	2.4	—	25	—	10
200	114	4.8	—	50	—	20
300	174	7.2	—	75	—	30
500	288	12	50	120	—	50
1000	577	24	100	240	—	100
2500	1441	60	240	600	60	240
10000	5763	240	1000	2400	240	1000
20000	11526	480	2000	—	500	2000
50000	28815	1200	4800	—	1200	—
100000	57630	2400	9600	—	2400	—

注：干清粪猪场的粪污池容积率 η 不是一个固定值，应根据清粪的实际情况确定。本表"η＝40％"意指：干清粪操作一般能清除 60％ 左右的粪污，但进入沼气池的粪污就只有 40％ 左右。

（2）工艺设计

工艺流程设计是工程项目设计的核心。设计要根据建设单位的资金投入情况，管理人员的技术水平，所处理物料的水质水量情况来确定，还要采用切实可行的先进技术，最终实现工程目标。对工艺流程进行反复比较，确定最佳和实用的工艺流程。

大中型猪场微生物厌氧发酵工程的工艺流程，包括原料的预处理→沼气发酵→后处理等，每一部分又包括很多细节内容。这里主要介绍三种流行的大中型沼气工程的工艺：

①常温发酵处理猪粪污水工艺流程（图 12‐17）

该工艺是南方地区大中型猪场常用的一种厌氧发酵工艺。该工艺本着

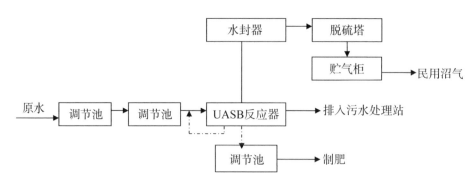

图 12 - 17　常温发酵处理猪粪污水工艺流程示意图

建设单位注重沼气的利用，强调经济实用性，操作运行方便，设备选型要求高效、低耗的特殊要求，以及 UASB 具有有机负荷高，处理成本低，抗冲击能力强，产气率高，且废水处理效果佳，及技术成熟等特点，选择确定了以上流式厌氧污泥床 UASB 为主题的处理工艺。

②中温发酵处理猪粪污水工艺流程（图 12 - 18）

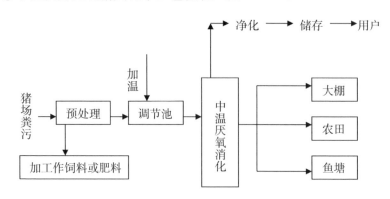

12 - 18　中温发酵处理猪粪污水工艺流程示意图

该工艺是北方地区不少大中型猪场青睐的一种工艺。中温（35 ℃）运行处理猪粪污水，原料经过格栅除杂和固液分离后，稀料液由贮液池被泵进换热罐，随后经酸化升温再被泵进厌氧消化器，经过消化处理后的料液经由换热罐散热后，再流经贮气罐和沉淀罐后排入贮液池，或作日光温室用肥，或回流稀释新料液。经固液分离和沉淀后的沼渣作为温室的有机肥，沼气作为职工生活用气或作燃煤锅炉的助燃剂，所产蒸汽用于料液升温。其主要特点是贮气罐的水封槽兼作厌氧Ⅱ级处理装置，使有机物进一步消化，多获得一些沼气，同时也解决了贮气罐水封液冬季加温和换热罐容积较小、热端介质温度不高、换热效果不明显问题。

③近中温发酵处理猪粪污水工艺流程（图 12-19）

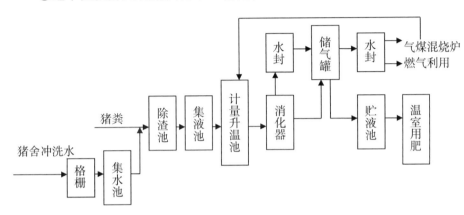

图 12-19　近中温发酵处理猪粪污水工艺流程示意图

该工艺是针对规模化养猪场猪粪污水处理提出的工艺流程。猪舍粪污及冲洗水流经格栅、集水池，再经潜污泵送到除渣池。猪舍鲜粪用小车运到除渣池，除杂后的料液经过前处理、计量升温后泵进消化器。消化液流经储气罐作水封后，再流经储液池，可供温室作肥料用。由消化器产生的沼气，先经水封罐再进到储气罐。沼气的一部分与煤混烧，产生蒸汽用于料液升温，另一部分沼气可作其他燃料。其主要特点是，25 ℃～30 ℃发酵；发酵温度的提升，显著提高了厌氧发酵细菌的活力，使有机物分解更加彻底，从而有效地提高了沼气的产气率，COD 去除率达 90％以上。

（3）预处理

大中型沼气工程工艺流程分为三个阶段，即预处理阶段、中间阶段和后处理阶段。料液进入消化器之前为原料的预处理阶段，主要是经格栅、固液分离，沉淀后除去原料中的杂物和砂粒，并调节料液的浓度。如果是中温发酵，还需要对料液升温。原料经过预处理使之满足发酵条件要求，减少消化器内的浮渣和沉砂。

预处理阶段，需要选用适宜的格栅及除杂物的分离设施。杂物分离设施可选用斜板振动筛或振动挤压分离机等。固液分离是把原料中的杂物或大颗粒的固体分离出来，以便使原料废水适应潜水污水泵和消化器的运行要求。

（4）厌氧消化器

厌氧消化器是大中型猪场微生物厌氧发酵工程的核心处理装置，因而要精心设计，设计的基本原则是依据预处理原料的物性特点（粪污、水质条件），工程所要得到的目的（即是以达标排放环保为主，还是以获取能源为主，或者两相兼顾），按照生物化学、传热学、流体力学和机械原理，以及厌氧发酵工艺参数要求，选择并确定工艺类型和运行温度（常温、中温或高温），在此基础上最后确定消化器的总体容积和结构形式。其设计要点一定要考虑并兼顾以下各点：最大限度地满足沼气微生物的生活条件，使消化器内能保留大量的微生物；具有最小表面积，以利于保温，使其散热损失量最少；使用较少的搅拌动力，使新进的料液与消化器内的污泥混合均匀；易于破除浮渣，方便去除器底沉积污泥；利于实现标准化、系列化生产；适应多种原料发酵，且滞留期短；设有超正压和超负压的安全措施。

基于以上考虑和原则，大中型猪场粪污厌氧发酵可考虑选择（以下消化器）：

①常温厌氧发酵可考虑选择固液分离 UASB—SBR 组合工艺，即与 UASB 配套增置 SBR 序批式反应器。其主要优势是：可有效提高整个设备利用效率，使有机污染物、氮磷去除效果更好，CODcr、BOD_5 和氨氮去除率都大于 96%，主要指标均可达污水综合排放一级标准，既可用于农业和水产业，又可直泻江河。其工艺流程简单，投资省，运行费用低，占地少，耐冲击负荷，管理方便，浑水分离效果好，出水水质好。

②中温厌氧发酵可考虑选择 ABR 消化器：在消化器内设置垂直放置的折流板，料液在消化器内沿折流板上下折流运动，依次流过每个格腔内

的污泥床直至出口，在此过程中料液有机物质与厌氧活性污泥充分接触而被消化去除。其最大的优势是兼有厌氧接触、厌氧过滤和 UASB 三种消化器的特点，料液上下折流流经转角处比任何结构形式的消化器都要小，且无需搅拌设备，在容积不变的条件下，增加了料液的流程，而且颗粒污泥也不是制约其良好运行的必备条件，因而很受欢迎。

③近中温厌氧发酵可考虑选择 UBF 型消化器：该消化器是 UASB 和 AF 结合型消化器，其最大优势是，可最大限度保留沼气微生物在消化器内的数量，使其充分发挥作用；利用厌氧过滤器中的填料，阻隔污泥的流失，使消化器在较高的负荷下稳定运行，提高有机物等有害成分的去除率、产气率。

（5）主体设备制造

本工程的厌氧罐、SBR 池、贮气柜等主体设备均可采用利浦公司的卷仓设备现场制作。罐体材料采用复合板（镀锌钢板＋0.3 mm 不锈钢板）。其主要优势：一是造价低。厌氧罐采用复合板，外层采用聚苯乙烯泡沫板保温，彩色钢板做外保护层，工程造价仍比同规格的混凝土池价格低。二是外观美，寿命长，使用寿命可达 30 年以上，且安全。罐体自重量轻，地基处理费用低。三是工期短，质量好。500 m³ 厌氧罐体现场制作仅需 3～4 d 就可保质保量完成；而混凝土池至少需 20 d，且还要保养期，受季节、天气影响较大，施工难度大、容易漏气、补漏工序费时费力的缺点使其近几年来已经很少应用。

（6）后处理

后处理主要有两种形式，一种是沼气工程的厌氧出水进贮液池后作液态有机肥用于农田。此时厌氧出水只需进行简单的固液分离，去除掉其中较大的固形物即可。另一种是厌氧出水进一步处理后达标排放或回用，处理方式以好氧处理为主，物化处理为辅。好氧处理要根据厌氧处理出水的水质不同而定，一般可选的工艺有活性污泥法、序批活性污泥法（SBR 法）、氧化沟工艺、曝气生物滤池、接触氧化工艺等。从选择处理工艺原则上考虑，应采用低能耗、低成本和因地制宜生态化技术。

（7）沼气的净化、贮存与利用

猪场粪污沼气工程设计中的沼气的净化、贮存与利用，同其他畜禽粪便沼气工程一样。

3. 运行管理

大中型猪场微生物厌氧发酵工程的运行管理应严格按照《规模化畜禽养殖场沼气工程运行、维护及其安全技术规程》中的具体规定操作。大中型猪场沼气工程的启动，要做的第一件事是准备合适的厌氧活性污泥。应尽可能选择并接种同类污泥，以保持沼气微生物生态环境的一致。沼气发酵消化器排出的污泥和污水沟底正在发泡的活性污泥，都可作为选取接种物的对象。取来的活性污泥（菌种）越多越好，再加入适量的处理原料，数量为菌种量的 6%～10%。菌种和原料的混合液在装置内作保温，再逐渐升温，如果是中温或高温运行，要逐渐升温到 35 ℃或 54 ℃，并调节使pH 值为 6.8～7.2。每隔 7～8 d 加入新料液一次，数量仍为装置内料液的5%～10%。达一定质和量后，把富集的菌种投入消化器内。对于较小容积的消化器，菌种量约占总容积的 1/3；较大容积的消化器富集的菌种可以适当小于容积的 1/3。然后按正常运行状态封闭消化器，接通全系统，使富集的菌种逐步升温到系统的运行温度。中温运行的系统，升温到35 ℃±1 ℃，高温运行的系统升温到 54 ℃±1 ℃。每次进料要在预处理阶段升温到系统的运行温度，并使新料液 pH 值控制在 6.5～7 范围内。每隔 7～8 d加料一次，每次加入量是消化器内料液的 5%～10%，直至消化器内的料液向外溢流，达到有害物质去除指标。

四、丘山区规模养殖场的沼气工程

1. 工艺流程

该工艺是针对南方养猪业主多采用全封闭的漏缝养殖工艺，粪污混合，使用大量的清水冲洗猪舍，万头商品猪日排泄量均在 140 t 左右（夏天 150 t，冬天 130 t）的实际，以及南方丘陵山区地形、地势、气候、环境资源等特性，利用生物学与生态学原理，参考 UASB、UBF、PAD 工艺，设计建造并推出的一种地埋式、无动力、启动快、故障少、易操作、便管理、安全、经久耐用、去污效果佳、资源回收利用好的斜流隧道式厌氧污泥滤床工艺，简称 IATS 工艺，见图 12 - 20。

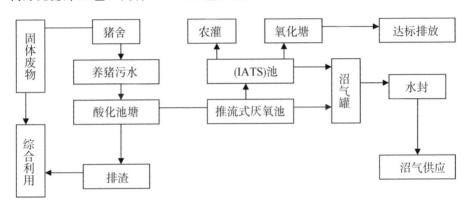

图 12 - 20　IATS 工艺流程

本工艺所设计的养猪场均为未采用人工清扫的排污方式，而采用粪污混流冲洗的清污方法，用水量较大。在冲洗猪舍时难免会带有砂、石、土等，为方便清理，务必要建一口较浅的适合人工清捣的沉砂井。全冲洗的养猪场悬浮物多，一般悬浮固体在 3000～6000 mg/L 不等。这些悬浮物必须在酸化过程中予以清除，因此，必须设计滞留污水数小时的三格酸化固液分离池，保证高悬浮物污水流入酸化池过程中，受到温度、细菌的作用升浮在池面，用人工清捣装车运走，从而解决这部分浮渣。大部分被酸化的污水流入简易厌氧池中继续分解，产酸，产沼气。在转化过程中还会产生少量浮渣，经排渣孔排出，污水在此滞留 24 h 后，部分污泥随污水流入斜流式隧道厌氧污泥滤床（IATS）。在 IATS 中由于设计了布水器，同时安装了特殊半软性填料，污水中的有机物可与填料表层的微生物膜充分接触，从而得以充分降解，厌氧出水如茶水色，清澈透明。经环境检测站多次采样监测，均取得理想的效果。

本工艺常温下池容产气率均达到 1 m³/（m³·d）以上。年出栏万头猪场的污水处理可日产沼气 1200～1400 m³，大部分用于柴油发电机组发电供本场饲料加工、抽水、猪舍控温设备用能。

2. 施工及操作要点

本装置根据山区、丘陵地带地势高低不平、落差大的特点，料液可以不耗动力运行；年平均气温在 21 ℃ 的地区，设计上无需考虑保温问题，全年均可在常温条件下正常发酵，因而结构相对简单；加之全地埋隧道式结构，用钢筋混凝土现浇成型，施工简便、安全、坚固，又用特殊密封剂进行防渗漏处理，大大提高了产气率。

主体施工与沼气工程施工技术要求一样，在实施操作中还应把握两点：

（1）重视前处理，做好固液分离。采用格栅沉沙井去除粪污中的固体部分，然后通过酸化池进行固液分离，进一步去除浮渣和沉渣，并起到初步酸化的效果。酸化池的滞留期一般为 12～24 h，形状为长方形，内设多级预处理池。

（2）通过两级厌氧发酵提高厌氧消化效率。推流式厌氧池实际上就是简易厌氧发酵池，设计滞留时间一般为 3～4 d，其作用是在厌氧的状态下降解高浓度的有机粪水，使之形成小分子化合物，对有机物的去除率一般为 30%～40%，然后进入严格的厌氧发酵容器。IATS 池与一般地埋式沼气工程的不同之处，就是注意改进进水方式和布料装置，采用物美价廉的填料，设计了科学合理的填料装置。其技术要点是在地埋隧道式沼气工程中增设布料管，选择半软性材料作为填料，这种填料不易腐烂，微生物附着生长速度快，地温在 20 ℃ 时启动只需 1 个月左右。在填料层里，根据水力高差设计布料器，使其均匀地在隧道底层布料斜流，由于不设固定架，填料层可上下浮沉，使污水向上斜流通过填料层。有机污水先与颗粒污泥接触，再与带气泡的沼气一起向上升流，有机物被颗粒污泥与微生物截留，有机质被逐步转化、降解，其水力滞留期（HRT）仅为 96 h，实现了 MRT（微生物滞留期）＞SRT（固体滞留期）＞HRT（水力滞留期）。容积负荷为 5～6 kg/（m^3 · d），水力滞留期为 4～5 d，有机物去除率为 70%～80%，是处理有机污水的最佳方案之一。为了防止浮渣堵塞布料器和气体输送管，应定期用吸渣泵对沼气池进行清污处理，一般每 6 个月清理 1 次。